"十二五"职业教育国家规划教材
经全国职业教育教材审定委员会审定

多媒体技术应用

新世纪高职高专教材编审委员会 组编

主　编　张凌雯　徐　强
副主编　王丽娜　夏雪飞　肖　杨
　　　　李　征　李　向

第五版

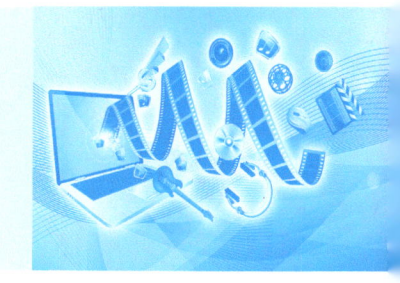

大连理工大学出版社

图书在版编目(CIP)数据

多媒体技术应用 / 张凌雯，徐强主编． -- 5 版． -- 大连：大连理工大学出版社，2021.1(2025.7 重印)
新世纪高职高专计算机应用技术专业系列规划教材
ISBN 978-7-5685-2749-1

Ⅰ.①多… Ⅱ.①张… ②徐… Ⅲ.①多媒体技术－高等职业教育－教材 Ⅳ.①TP37

中国版本图书馆 CIP 数据核字(2020)第 233843 号

大连理工大学出版社出版

地址：大连市软件园路 80 号　邮政编码：116023
营销中心：0411-84707410　84708842　邮购及零售：0411-84706041
E-mail：dutp@dutp.cn　URL：https://www.dutp.cn
大连朕鑫印刷物资有限公司印刷　大连理工大学出版社发行

幅面尺寸：185mm×260mm　印张：12.5　字数：289 千字
2004 年 3 月第 1 版　　　　　　　　　　2021 年 1 月第 5 版
2025 年 7 月第 3 次印刷

责任编辑：李　红　　　　　　　　　　　责任校对：马　双
封面设计：张　莹

ISBN 978-7-5685-2749-1　　　　　　　　定　价：39.80 元

本书如有印装质量问题，请与我社营销中心联系更换。

前言 Preface

《多媒体技术应用》(第五版)是"十二五"职业教育国家规划教材、计算机教指委优秀教材,也是新世纪高职高专教材编审委员会组编的计算机应用技术专业系列规划教材之一。

本教材在内容组织方面,首先从讲解多媒体基础知识入手,使学生对多媒体技术有初步的认识,然后通过案例讲述各种多媒体素材的采集和编辑加工方法,最后讲授如何利用 Authorware 多媒体创作软件进行多媒体作品的开发。

全书共分为 6 个模块,每个模块包含多个案例。模块 1 介绍了有关多媒体技术的基本概念和应用;模块 2 介绍了数字音频处理技术,主要包括数字音频的采集和编辑处理以及 Audition 的使用方法;模块 3 介绍了数字图像处理技术,主要包括图像文件格式、数字图像的获取方法以及图像处理软件 Photoshop 的使用方法;模块 4 介绍了 Flash 二维动画的制作方法,主要包括 5 种基本类型动画的制作方法、步骤以及常用的动画制作和设计技巧;模块 5 介绍了数字视频处理技术,主要包括视频的采集、处理和播放以及 Premiere 的使用方法;模块 6 介绍了多媒体创作软件 Authorware 中各种图标的功能及其用法,并体验制作 Authorware 作品的全过程。以上 6 个模块均基于案例进行讲解,注重操作训练,以达到让学生理解、掌握并能灵活运用的目的。每个模块均附拓展训练,以帮助学生进一步强化操作技能。

《多媒体技术应用》(第五版)在上一版的基础上充分吸取各高职教学单位的意见和建议,完成了系统性的修订。修订后着重突出以下特点:

1. 通过案例及拓展训练的方式组织教学内容,重点培养学生的综合素质和职业能力。

2. 改变单向传授的常规教学方式,满足边学习、边实践的需求,启发学生的创新思维,从而更好地激发学生的学习热情。

3.精选案例内容，以解决实际问题为纽带，实现理论和实践知识及职业技能素养的全面整合，注重培养学生的应用能力，更贴近教学实际。

本教材由吉林交通职业技术学院张凌雯、徐强担任主编；吉林交通职业技术学院王丽娜、夏雪飞、肖杨，石家庄职业技术学院李征，宁夏财经职业技术学院李向担任副主编；河南广播电视大学李娟参与了本教材部分内容的编写。具体编写分工如下：模块1由肖杨编写；模块2由张凌雯和李向编写；模块3由李征和李娟编写；模块4由王丽娜编写；模块5由徐强编写；模块6由夏雪飞编写。全书由张凌雯负责统稿。

感谢瓢虫企划设计工作室为本教材编写提供相关素材与技术支持。

在编写本教材的过程中，编者参考、引用和改编了国内外出版物中的相关资料以及网络资源，在此表示深深的谢意。相关著作权人看到本教材后，请与出版社联系，出版社将按照相关法律的规定支付稿酬。

本教材力求更好地反映高职高专课程和教学体系的改革方向，做到以理论够用为度，以实用性为主，紧跟多媒体技术的最新发展。但由于多媒体技术发展迅猛，加之编者水平有限，书中不足和错误之处在所难免，恳请广大读者给予批评指正。

编　者

2021年1月

所有意见和建议请发往：dutpgz@163.com

欢迎访问职教数字化服务平台：https://www.dutp.cn/sve/

联系电话：0411-84707492　84706104

目录 Contents

模块 01　多媒体技术概述 ·· 1
　1.1　多媒体的基本概念 ·· 1
　1.2　多媒体计算机系统 ·· 5
　1.3　多媒体技术的应用 ·· 9

模块 02　数字音频处理技术 ·· 11
　2.1　Windows 环境下录音机程序的使用 ································ 11
　2.2　制作手机铃声 ·· 17

模块 03　数字图像处理技术 ·· 32
　3.1　标志设计 ·· 33
　3.2　移花接木 ·· 43
　3.3　水晶按钮 ·· 47
　3.4　运动会招贴画 ·· 58
　3.5　数码相片的颜色校正 ·· 62
　3.6　人物照片的脸部美容修饰 ·· 65
　3.7　照片曝光处理 ·· 69
　3.8　绘制风景画 ··· 70
　3.9　"火焰字"效果 ··· 75

模块 04　Flash 动画设计 ··· 87
　4.1　逐帧动画制作 ·· 87
　4.2　形状补间动画制作 ·· 96
　4.3　传统补间动画制作 ··· 100
　4.4　遮罩动画制作 ··· 105
　4.5　路径引导动画制作 ··· 108

模块 05　数字视频处理技术 ··· 119
　5.1　滚动字幕效果制作 ··· 119
　5.2　为素材添加切换效果 ·· 131
　5.3　为视频添加滤镜特效 ·· 134
　5.4　电子相册制作 ··· 136

模块 06　多媒体创作软件 Authorware 7.0 的使用 …………………………………… 144
6.1　"欢迎屏"设计 ……………………………………………………………………… 145
6.2　"白云移动动画"设计 ………………………………………………………………… 157
6.3　"小球的运动与停止"设计 …………………………………………………………… 162
6.4　"自然风景欣赏"设计 ………………………………………………………………… 165
6.5　"看图识字"设计 ……………………………………………………………………… 169
6.6　"对号入座"设计 ……………………………………………………………………… 171
6.7　"猜字母游戏"设计 …………………………………………………………………… 175
6.8　"美丽大自然"设计 …………………………………………………………………… 177
6.9　"水果大餐"设计 ……………………………………………………………………… 181
6.10　"电子相册"设计 …………………………………………………………………… 185

参考文献 ……………………………………………………………………………………… 194

模块 01　多媒体技术概述

教学目标

通过多媒体的基本概念、多媒体计算机系统及多媒体技术的应用三个部分的学习,理解多媒体及多媒体技术的概念,认识计算机中的各种媒体元素,了解多媒体计算机的构成及多媒体技术的应用领域。

教学要求

知识要点	能力要求	关联知识
多媒体技术	掌握	多媒体与多媒体技术的基本概念 计算机中的媒体元素
多媒体计算机的构成	了解	多媒体计算机硬件系统 多媒体计算机软件系统
多媒体技术应用	了解	多媒体技术应用领域

1.1　多媒体的基本概念

1.1.1　多媒体与多媒体技术

媒体(Medium)原有两重含义:一是指存储信息的实体,如磁盘、光盘和磁带等,二是指传递信息的载体,如数字、文字、声音和图像等。英文"medium"一词为介质、中间之意。因此,媒体可理解为人与人或人与外部世界之间进行信息沟通及交流传递的中介物,其表现形式为文字、图像、图形、动画、声音和影像等,并直接作用于人们的感官产生感觉(听觉、视觉、触觉、味觉和嗅觉)。

对于"多媒体",至今尚无一个非常准确、权威的定义。多媒体译自英文"multimedia",该词由 multiple 和 media 复合而成,对应词是单媒体"monomedia"。从字面上看,多媒体是由单媒体复合而成的。因此,人们将文字、图像、图形、动画、声音和影像的综合体统称为"多媒体"。

多媒体技术是指文字、音频、视频、图形、图像和动画等多种媒体信息通过计算机进行数字化采集、获取、压缩/解压缩、编辑和存储等加工处理,再次以独立或合成形式表现出来的一体化技术。多媒体技术具有以下关键特性。

1. 信息载体的多样化

它是对计算机而言的,即要求具有多媒体功能的计算机所能处理的信息要多样化(包括文本、图形、图像和声音)。计算机处理多种信息,使其变得人性化了。

人类接收信息利用的感觉是:听觉、视觉、触觉、嗅觉和味觉。目前的多媒体,大多只利用了人的视觉(可见光部分)和听觉,"虚拟现实"中也只用到了触觉。随着技术的进步,多媒体的含义和范围还将扩展,如利用味觉、嗅觉和视觉的不可见光部分等。

2. 信息载体的交互性

交互性是指向用户提供更加有效的控制和使用信息的手段。人们可以使用键盘、鼠标、触摸屏、声音等通过计算机程序去控制各种媒体的播放。人与计算机之间,人驾驭多媒体,增强了人对信息的注意和理解,延长了信息的保留时间,而交互活动本身也作为一种媒体介入了信息转变为知识的过程。

3. 信息载体的集成性

集成性指两个方面的含义:一是指把单一、零散的媒体有效地集成在一起,即信息载体的集成;二是指存储信息的实体的集成。多媒体信息由计算机统一存储和组织,会产生 1+1>2 的系统效果,因此可以说,集成性是多媒体系统的一次飞跃。

1.1.2 计算机中的媒体元素

1. 文字

文字是组成计算机文本(Text)文件的基本元素。纯文字的文本文件常为.TXT 文件格式,在 Microsoft Word 中,若文本文件加入了排版命令,则为.DOC 文件格式。

在计算机内,文字是采用编码的方式进行存储和交换的。英文字符采用的是 ASCII 编码(美国信息交换标准代码),汉字采用的是中国国标 GB-2312 编码。计算机获取文字的方法:

①键盘输入:使用普通英文键盘,选取现有的输入方法进行文字输入。

②OCR(光学字符识别或阅读器)汉字识别输入:将待输入印刷体文字经图文扫描器输入计算机,这种方法常应用于大量印刷体文字的输入。

③手写输入:在手写板上用专用笔或手指写字,向计算机输入。

④语音输入:目前已从单字、单词输入发展到语音的输入,但作为文字输入技术,其准确率还不够理想。

2. 声音

声音是一种波。频率在 20 Hz～20 kHz 的波称为音频波。在物理学中,声音通常用一种模拟的连续波形表示(称为模拟信号),该波形描述了空气的振动情况。如图 1-1 所示。

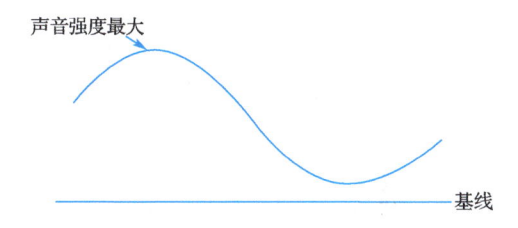

图 1-1 声音的模拟信号

在计算机处理技术中,通常要将声音的模拟信号经过处理变换为数字信号(详见 2.1.2 节),并以文件的形式存储,以便进行声音的处理。

声音文件有许多格式,目前常用的有 3 种。

① WAV(波形文件)

它是真实的声音数字化后形成的数据文件,占用存储空间很大,是计算机最常用的声音文件,通常用于时间较短(几分钟)的声音。例如,解说、声音效果等。

② MIDI(数字音频文件)

MIDI(音乐设备数字接口)音乐数据文件,是 MIDI 协会制定的音乐文件标准。MIDI 文件并不记录声音采样数据,而是记录音乐行为,即音长、音量、音高等音乐的主要信息。因此,占用存储空间小,适用于较长的音乐。

③ MP3

它是根据 MPEG(电视图像专家组)的视像压缩标准 MPEG-1 得到的声音文件,它保持了 CD 激光唱片的立体声、高音质等优点,压缩比达 12∶1。MP3 音乐在市场上和网上非常普及。

3. 图形

图形由线条组成,机械结构图、建筑结构图都是典型的图形。图形有二维(2D)图形和三维(3D)图形之分。二维图形是指有 x 和 y 两个坐标的平面图形,三维图形是指具有 x、y 和 z 三个坐标的立体图形。

图形可以使用矢量图和位图来表示。因此,计算机在存储图形时,常常采用存储位图和存储矢量图,甚至存储一些绘图命令。例如,常见的图形设计软件 AutoCAD 所形成的.DXF 图形文件就是典型的矢量化图形文件。

图形采用矢量表示,占用存储空间小。而采用位图方式,占用存储空间大。

4. 图像

图像与图形相比,它没有明显规格的线条,最典型的图像是照片和画。

在计算机中,可以采用点阵来表示图像。数字图像的最小元素称为像素(Pixel)。数字图像的大小由水平像素数 x 和垂直像素数 y 来表示。通常每个显示点用来显示一个像素,只有在图像被放大时才会出现一个像素对应多个显示点的状况。

数字图像所占用的存储空间极大,例如,一幅能在标准 VGA(分辨率为 640 像素×480 像素)显示屏上作全屏显示的真彩色图像(24 位表示)所占存储空间为

640 像素/行×480 行×24 位/像素÷8 位/字节≈900 000 字节

因此，必须对数字图像进行压缩。至今，学术界已研究出了许多压缩算法，在基本不失真的情况下，可将静态图像压缩几十倍甚至上百倍。

计算机中常用的图像文件有：

①GIF

GIF 的全称是 Graphics Interchange Format，可译为图形交换格式，用于以超文本标志语言（Hypertext Markup Language）方式显示索引彩色图像，在因特网和其他在线服务系统上得到广泛应用。

②BMP

BMP（Bitmap）即位图文件，它是最原始、最通用的文件格式，占用存储空间极大。Windows 的"墙纸"图像多是.bmp 格式。

③JPG

JPG 即 JPEG，它代表联合图像专家组所制定的一种图像压缩标准。此标准的压缩算法用于处理静态影像，去掉冗余信息，比较适合存储自然景物的图像。新的 JPEG 文件则使用.JIF 作为扩展名。

此外，常用的文件格式还有.tif、.pcx、.pct、.tga 和.psd 等。

计算机获取图像的方法是采用扫描仪扫描输入或用数码照相机拍摄后直接输入。

5.视频图像

将若干幅有联系的图像画面（帧）连续播放便形成了视频图像（或称视频影像），视频图像的每一帧，实际上就是一幅静态图像，多幅图像连续播放（电影的播放速度是 24 帧/秒），对于人眼就会产生图像"动"的效果。

视频图像的数据量非常庞大。因此，常采用 MPEG 动态图像压缩技术对其进行数据压缩。

计算机中主要的视频影像文件格式：

①AVI

AVI（声音/影像交错）是 Windows 使用的动态图像格式，它可以将声音和影像同步播出，但文件占用存储空间大。

②MPG

它是 MPG（运动图像专家组）制定的压缩标准中确定的文件格式，应用于动画和视频影像，文件占用存储空间较小。

③ASF

它是微软公司采用的流式媒体播放文件格式，适合在网上连续播放视频图像。

计算机获取视频图像的方法是：通过摄像机、录像机或电视机等视频设备输出 AV（声音/影像）信号，并将它送至计算机内的视频图像捕捉卡，进行数字化处理。对于新型的数字化摄像机，可以直接将其输出至计算机的数字接口（并行口、SCSI 口或 USB 口）输入给计算机。

6.动画

动画也是一种活动影像。它与视频影像的差别是动画中的每一帧都是人工制造出来的图形。通常，动画片的播放速度是 20 帧/秒。常用的动画文件格式如下：

①FCI 或 FLC

它是 AutoCAD 的厂商 Autodesk 提出的动画文件格式。

Autodesk 的产品 Animator，3D Studio MAX，Animator Pro 等都采用这种格式。

②MPG 和 AVI

它们也可用于动画。

常用的三维动画制作软件有 3DS MAX 和 MAYA(Alias/Wavefront 公司研制)。

1.1.3 超文本与超媒体

超文本也是一种文本。与传统的文本文件相比,它们之间的主要差别是,传统文件是以线性方式组织的,而超文本是以非线性的方式组织的。对于线性方式的文件,阅读者只能从头读到尾,而且文件之间是彼此独立的,不能进行"联想"式的查找;非线性方式的文件就能实现"联想"查找。在这种文件的适当位置处建有链接信息,用来指向和文本相关的内容,当阅读者对其相关内容感兴趣时,可进行下一步或转移性的阅读。通常用鼠标对准建有链接的地方单击就可以直接调出相关的内容。如图 1-2 所示。

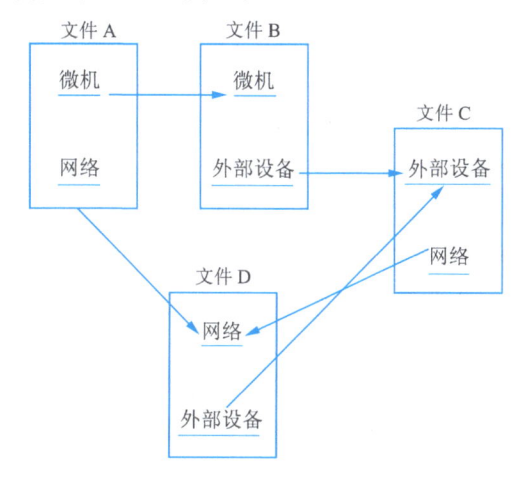

图 1-2 超文本的概念

由图 1-2 可以看出,超文本所建立的链接往往是网状的链接,文件 C 可调用文件 D,也可以被文件 B 和文件 D 调用。

超文本主要处理的是文字信息,建立的链接关系主要是字句之间的链接关系。文字是多媒体中的一种,若把"超"的概念再加以延伸,那就是超媒体了。超媒体除了使用文本文件外,还使用图形、图像、声音、动画和影视片段等多种媒体来表示信息,建立的链接关系是文本、图形、图像、声音、动画和影视片段等媒体之间的链接。使用超媒体文件时,用户可以通过操作,将各种媒体一一呈现出来。

Windows 中使用的"帮助"文件,就是一个例子。当阅读帮助文件时,有些文字会呈现深色或文字下方有下划线,当把鼠标移到这些位置时,就会变成手指型指针,这就是暗示此处已建有链接,只要单击鼠标,相关内容就会马上呈现出来。

1.2 多媒体计算机系统

多媒体计算机系统是一个由复杂的硬件、软件有机结合的综合系统。它把音频、视频等媒体与计算机系统融合起来,并利用计算机系统对各种媒体进行数字化处理。与计算机系统类似，多媒体计算机系统由多媒体硬件系统和多媒体软件系统组成。其层次结构如图1-3所示。

```
         多媒体应用软件              第七层  ┐
      多媒体创作、编辑工具           第六层  │
         媒体制作工具                第五层  ├ 软件系统
    扩充了多媒体功能的操作系统       第四层  │
           驱动程序                  第三层  ┘
      多媒体计算机硬件系统           第二层  ┐ 硬件系统
        多媒体外围设备               第一层  ┘
```

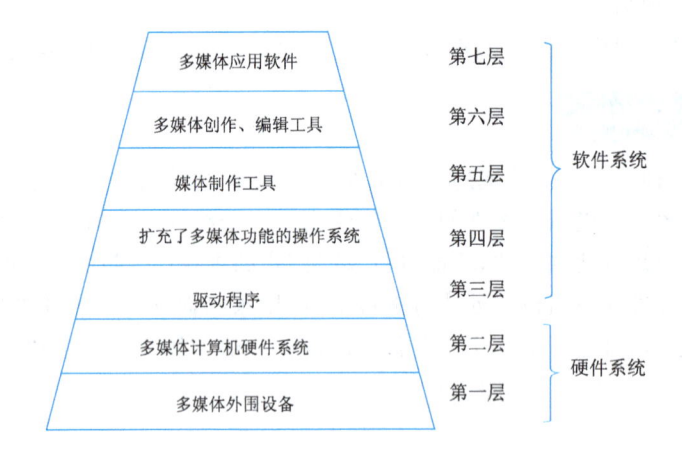

图1-3 多媒体系统的层次结构

第一层是多媒体外部设备，它包括各种媒体的输入/输出设备。

第二层是多媒体计算机硬件系统，包括多媒体计算机的主要配置和各种外部设备的控制接口卡，它们必须符合MPC的标准。由于实时性要求高，有些系统还使用了以专用集成电路为核心的多媒体实时压缩和解压缩电路卡。

第三层是多媒体输入/输出驱动控制及接口层，本层的主要功能是完成驱动和控制多媒体设备及插卡，提供软件接口，以便高层软件调用。

第四层是具有多媒体功能的操作系统，它是多媒体软件的核心。它对多媒体设备进行管理，对各种媒体信息进行处理和调度，还管理多媒体信息间的同步等。现在广泛使用的系统是Windows 98/2000/XP/NT。

第五层是媒体制作工具软件，设计者可以利用该层提供的工具采集制作各种媒体数据。常用的工具软件有图像设计与编辑系统，二维、三维动画制作系统，声音采集与编辑系统，视频采集与编辑系统，多媒体公用程序与数字剪辑艺术系统等。

第六层是创作、编辑多媒体应用系统工具软件。

第七层是多媒体应用软件层，其内容是面向用户的各种多媒体应用系统。用户可以通过简单操作，直接进入和使用该系统。

总之，第一、二层构成多媒体硬件系统，第三层至第七层构成多媒体软件系统。

1.2.1 多媒体计算机硬件系统

构成多媒体计算机的硬件系统除了需要较高配置的计算机主机硬件外，通常还需要音频、视频处理设备，光盘驱动器和各种媒体输入/输出设备等。如图1-4所示给出了一套比较完整的多媒体计算机硬件系统配置（图中忽略了大容量硬盘等计算机常规设备，突出了多媒体专用设备）。

由图1-4可以看出，多媒体硬件系统主要由以下三部分组成：

1. 主机

虽然多媒体计算机的主机可以是中、大型机，也可以是工作站，然而，目前普遍使用的是在通用的个人计算机基础上，增加多媒体接口卡及相应的设备和软件的PC（个人计算机）升级的

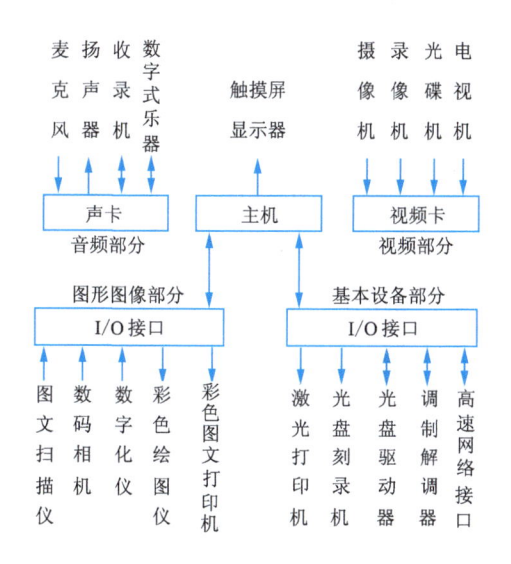

```
     麦 扬 收 数              摄 录 光 电
     克 声 录 式    触摸屏     像 像 碟 视
     风 器 机 乐    显示器     机 机 机 机
             器
      ↓ ↑ ↓ ↓       ↕        ↓ ↓ ↓ ↓
    ┌─────────┐  ┌─────┐   ┌─────────┐
    │  声卡   │  │ 主机 │   │ 视频卡  │
    └─────────┘  └─────┘   └─────────┘
      音频部分               视频部分
                    ↕
      图形图像部分          基本设备部分
    ┌─────────┐           ┌─────────┐
    │ I/O 接口│           │ I/O 接口│
    └─────────┘           └─────────┘
     ↓ ↓ ↓ ↓ ↓            ↓ ↓ ↓ ↓ ↓
     图 数 数 彩 彩         激 光 光 调 高
     文 码 字 色 色         光 盘 盘 制 速
     扫 相 化 绘 图         打 刻 驱 解 网
     描 机 仪 图 文         印 录 动 调 络
     仪       仪 打         机 机 器 器 接
                印                     口
                机
```

图 1-4　多媒体硬件系统配置

多媒体计算机,通常称为 MPC(Multimedia Personal Computer,多媒体个人计算机)。

2. 多媒体接口卡

根据多媒体系统选取、编辑音频或视频的多媒体接口卡需要插接在计算机上,以解决声音和视频媒体数据的输入输出问题。它们是建立、制作和播放多媒体应用程序工作环境中必不可少的硬件设施。

①声卡(音频卡)

它是使多媒体计算机具有声音功能的主要接口部件,声卡的品种较多,产品特性范围广、档次多。

②视频卡

它是多媒体计算机获取影像处理功能的关键接口部件。视频卡产品有三种:视频捕捉卡(又称视频采集卡)、视频回放卡(解压卡、电影卡)和电视信号转换卡。

3. 多媒体外部设备

多媒体外部设备十分丰富,按其功能可以分为以下四类:

①视频、音频输入设备:摄像机、录像机等。

②视频、音频播放设备:电视机、电视机、音响等。

③人机交互设备:键盘、鼠标、触摸屏和光笔等。

④存储设备:磁盘、光盘等。

通常,开发多媒体应用程序时,对硬件环境的要求比运行多媒体应用程序时要高。主要要求是设备运行速度更快,功能更强,外部设备更好。

1.2.2　多媒体计算机软件系统

多媒体计算机软件系统可以用如图 1-5 所示的层次结构描述。

其中低层软件建立在硬件基础上,高层软件则建立在低层软件基础上。

1. 多媒体驱动程序

这类程序也称为驱动模块。它直接与计算机硬件打交道,主要完成以下工作:设备初始化,设备操作,设备的打开和关闭,基于硬件的压缩/解压缩,图像快速交换及功能调用。一种

多媒体技术应用

```
┌─────────────────┐
│  多媒体应用程序  │ ┈┈┈ 应用软件
└─────────────────┘
┌─────────────────┐  ┐
│ 创作工具及应用软件│  │
└─────────────────┘  │
┌─────────────────┐  │
│ 媒体素材制作软件 │  │ 系
└─────────────────┘  │ 统
┌─────────────────┐  │ 软
│  多媒体操作系统  │  │ 件
└─────────────────┘  │
┌─────────────────┐  │
│ 多媒体设备接口程序│  │
└─────────────────┘  │
┌─────────────────┐  │
│    驱动程序     │  ┘
└─────────────────┘ ┈┈┈
┌─────────────────┐
│    硬件系统     │     硬件系统
└─────────────────┘
```

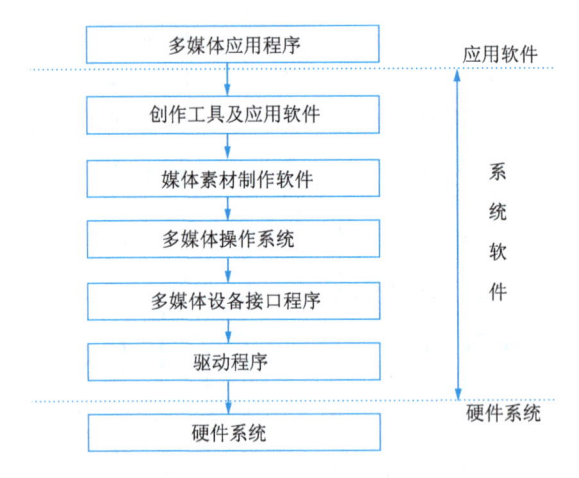

图 1-5 多媒体计算机软件系统结构

多媒体硬件需要一个相应的驱动程序,驱动程序常驻内存。常用的驱动程序有视频子系统,音频子系统,视频/音频信号获取子系统等。

2.多媒体设备接口程序

它是多媒体操作系统与驱动程序之间的接口,为操作系统建立虚拟设备。

3.多媒体操作系统

它是多媒体软件系统的核心,主要任务是完成多媒体环境下多任务的调度,提供对多媒体信息的各种基本操作和管理,支持对多媒体设备的管理等。

4.多媒体素材制作软件

这层软件提供了制作各种媒体素材的工具。利用这些工具,可以获得多媒体应用程序所需要的各种多媒体素材。

常用的多媒体素材制作软件有工具软件 Painter Brush,图像处理软件 Photoshop,三维动画制作软件 3ds MAX,音频处理软件 GoldWave,视频编辑软件 Premiere 等。

5.多媒体创作工具

它是设计人员在多媒体操作系统上进行应用程序开发的软件工具。与一般的编程工具不同,多媒体创作工具能对多媒体信息进行控制、管理和编辑,能按用户要求生成多媒体应用程序。这类创作工具功能强,易学易用,操作简便,设计者易于接受。

根据创作方法和特点的不同,多媒体创作工具可分为以下三类:

(1)基于页面或卡片的多媒体创作工具

在这类创作工具所提供的环境下,设计者可将设计内容制成多页或多张卡片,然后将这些页面或卡片,链接成有序的序列。在结构化的导航模型中,可以根据命令跳至所需要的任何一页。

典型产品有 ToolBook 和 PowerPoint 等。

(2)基于图标的多媒体创作工具

这类创作工具提供了一个组织和展示多媒体的可视化程序设计的环境,它用不同的图标表示不同的操作,由图标构成流程图,即应用程序。在这种环境下创建流程图很容易,只要将图标库中的适当图标拖到流程图的相应位置即可。典型产品有 Authorware 和 IconAuthor 等。

(3)基于时间的多媒体创作工具

这类工具制作出来的作品很像电影或卡通片。它们以可视的时间轴来决定事件的顺序和对象显示上演的时段。时间轴包括许多行道或频道,以便安排多种对象同时呈现。这类工具中都有一个控制播放面板。典型产品有 Director 和 Action 等。

以上三种软件均属于系统软件范畴,通常它们由计算机专业人员设计。

6. 多媒体应用软件

这类软件是由用户和软件开发人员共同协作完成的,适用于不同的应用领域,例如多媒体教学软件、电子图书和培训软件等。这类产品大多是以光盘的形式面世。

1.3 多媒体技术的应用

多媒体技术为计算机应用开拓了更广阔的领域。现在多媒体已涉及电子产品、通信、传播、商业广告、购物、文化娱乐、出版和各种设计等领域或行业。综合起来,多媒体已成功地应用于以下几个领域:

1. 教育现代化

多媒体在教育中的应用是其最重要的应用之一。多媒体教学主要包括以下几个方面:

① 多媒体 CAI(计算机辅助教学)

它包括教师采用多媒体手段进行辅助课堂教学,以 CD-ROM 为介质的多媒体计算机自学课程,采用基于计算机网络的超媒体手段的 CAI 课程。

多媒体计算机辅助教学的优点是:形象生动,信息量大,学习者为交互式主动学习,学习效果好。

② 远程视像教学

它的技术原理与视频会议比较接近,是多媒体技术和计算机网络技术相结合的产物。它基于网络进行远程视像教学,信息既可下行(教师传给学生)又可上行(学生传给教师)。也就是说,可以进行交互讨论,达到"面对面"的教学效果,使远距离的学生也可以在一起学习。

③ 多媒体教学资源库

它包括多媒体的教学素材库、优秀课件库和多媒体题库三大部分。有了内容丰富的多媒体教学资源库,大部分教师就可以结合自己的课程方便地利用多媒体进行教学。

2. 办公自动化

多媒体技术的发展提高了办公自动化的质量和水平。

① 过去计算机只单纯地处理文字信息,现在增加了图、声、像的处理能力,提高了人们对工作的兴趣,也提高了工作质量和效率。

② 视频会议:分散在不同地方的一个群体,通过多媒体计算机网络,同时提供类似"面对面"的图、文、声、像的交流。

3. 电子出版

① 多媒体技术的发展彻底改变了传统的出版物和出版形式。

电子出版物:包括计算机软件、电子图书、电子期刊、电子新闻报纸、电子手册、电子图画和电子音像制器等。它的出现,极大地丰富了图书市场。

② 电子网络出版:它提供了直接在网上"出版"的形式,人们可以在网上阅读或下载图书。

4. 家庭现代化

多媒体计算机+电视+网络形成了一个强大的多媒体通信环境,极大地提高了现代化家庭的生活品质。

①可视电话：在高速的计算机网络上，人们在给千里以外的亲友打电话时，可以看到对方的形象。

②视频点播（又称 VOD）：能够按照用户的意愿，从数字化的影像和音乐资料库里任意点播自己所希望播放的影像和音乐节目。

③网上购物：在多媒体计算机网络上，快速地寻找自己所要的物品，若决定购买，输入相应信息及选择好付款方式，送货人就会把物品送到用户手中。

④多媒体游戏：具有逼真的动态三维图像和音响效果的多媒体游戏是用户最好的休闲娱乐工具。

5.艺术设计与创作

多媒体的出现，给各类艺术家提供了极大的创作空间和极好的创作手段。广告设计、计算机绘画功能，促进了广告画设计。

影视业中用数码编辑、图像变形等技术制作出了诸如《侏罗纪公园》之类的佳作以及电视台的片头和各类广告等。

建筑设计师用 3D 设计模型，更好地表现了自己的设计风格。

音乐家用数码音响编辑设计手段和 MIDI 乐器的创作能力，制作出了优美的音乐作品。

经验指导

多媒体计算机技术是综合处理声、文、图、音频、视频等信息的技术，多媒体技术的关键特性有信息载体的多样性、集成性和交互性，媒体数据压缩/解压缩、大容量存储、便捷的媒体输入/输出技术、媒体数据库及网络通信技术使多媒体与我们的工作学习密不可分。不同的多媒体对象都具有多种的文件存储格式，每种格式都有其独特的特点。

模块 02 数字音频处理技术

教学目标

通过 Windows 环境下录音机程序的使用和制作手机铃声两个案例的学习,掌握有关数字音频的基本知识和获取(采集)数字音频的方法,掌握数字音频编辑处理的方法。

教学要求

知识要点	能力要求	关联知识
Windows 环境下录音机程序的使用	掌握	数字音频文件的格式与特点 影响数字音频质量的参数 简单的效果处理方法
Adobe Audition 软件的使用	掌握	波形的剪辑 调整音量 降噪处理 淡入/淡出 压限处理 数字音频的转换

2.1 Windows 环境下录音机程序的使用

案例目标

1. 掌握 Windows 环境下,录音机程序编辑音频信息的方法和技巧。

2.掌握数字音频文件的格式与特点。

3.了解数字音频的产生与表示。

案例说明

音频是多媒体中最基本的一种媒体元素,任何一个多媒体作品都离不开它。Windows 环境下的录音机程序是获取音频的最简单途径之一。通过录音机程序获得一个 WAV 文件,并且利用录音机程序的编辑和效果菜单对 WAV 文件进行简单的处理。

2.1.1 完成过程

1.录制声音

(1)执行"开始"|"控制面板"命令,双击"声音和音频设备"图标,打开"声音和音频设备属性"对话框,选择"音频"选项卡。如图 2-1 所示,在"声音播放"和"录音"框中选择输出、输入的首选设备。

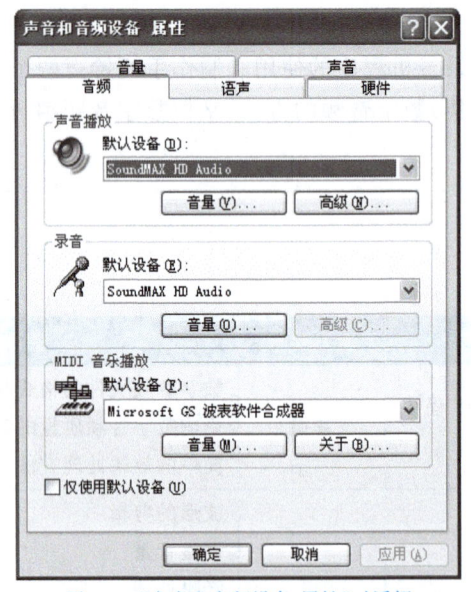

图 2-1 "声音和音频设备 属性"对话框

(2)调整音量:双击位于任务栏右下角的喇叭,打开音量控制窗口,如图 2-2 所示。调整音量。确保"全部静音"的前面没有打"√",否则,话筒和麦克风将没有声音。

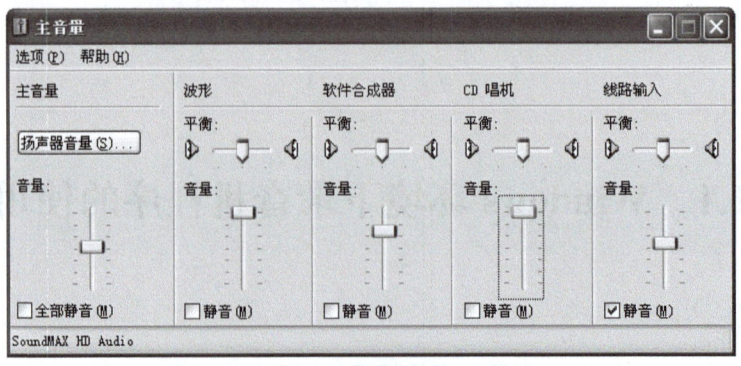

图 2-2 音量控制窗口

(3)执行"开始"|"所有程序"|"附件"|"娱乐"|"录音机"命令,启动 Windows 录音机程序,如图 2-3 所示。

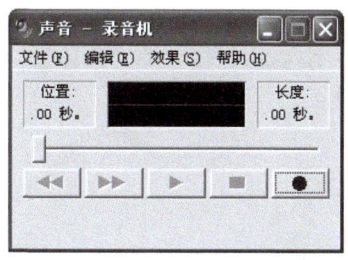

图 2-3 "声音-录音机"窗口

Windows 录音机录制音频文件时,一次能录制的时间为 60 秒。在录制过程中,所用的时间屏幕有显示,录制时间大于 60 秒后,单击"录音" 按钮,可继续录制。录音结束时,单击"停止" 按钮。

(4)执行"编辑"|"音频属性"命令,打开"声音属性"对话框,如图 2-4 所示。在"声音播放"框中单击"高级"按钮,打开"高级音频属性"对话框。调整"采样率转换质量"的尺度,单击"确定"按钮。

(5)执行"文件"|"新建"命令,建立一个新的声音文件。

(6)执行"文件"|"属性"命令,打开"声音 的属性"对话框,如图 2-5 所示,单击"立即转换"按钮,打开"声音选定"对话框。

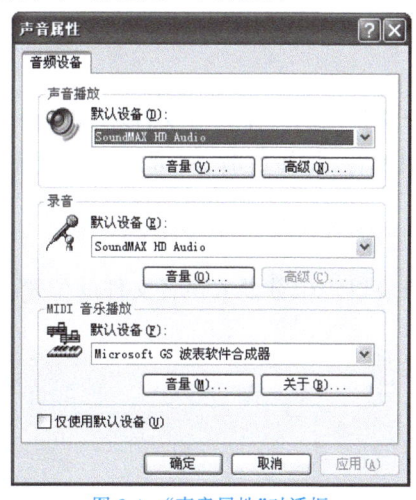

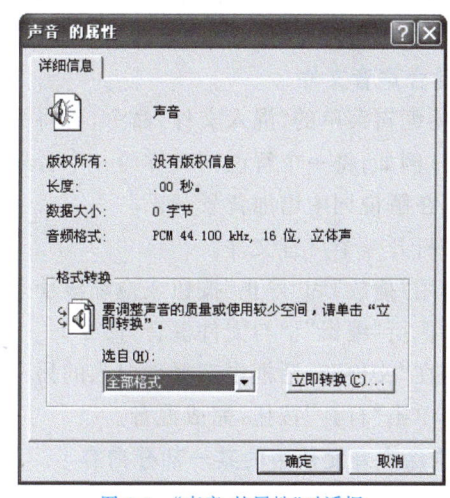

图 2-4 "声音属性"对话框   图 2-5 "声音 的属性"对话框

(7)在"属性"下拉列表中可以更改录音的"采样频率""量化位数""声道""每秒钟所需字节";按要求完成好声音文件配置,单击"确定"按钮,设置结束。如图 2-6 所示。

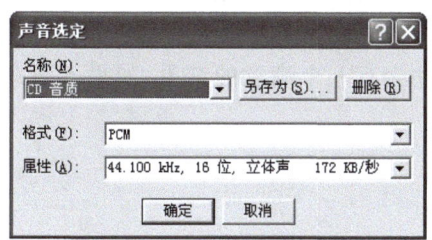

图 2-6 "声音选定"对话框

(8)单击"录音机"的"录音" 按钮,开始录音。

(9)单击"停止" 按钮,结束录音。

(10)执行录音机菜单"文件"|"另存为"命令,打开"另存为"对话框,将文件另存为 WAV 格式。如图 2-7 所示。

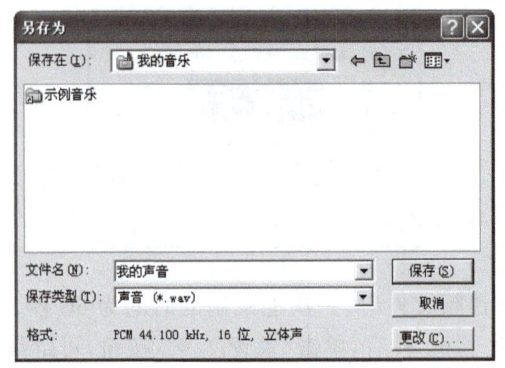

图 2-7 "另存为"对话框

录音时,声波窗口右侧记录了当前录制声音文件的时间长度。

2. 插入另一个声音文件

(1)执行"文件"|"打开"命令打开一个声音文件。
(2)用"播放"和"停止"按钮或拖动滚动条上的滑块以定位欲插入声音文件的位置。
(3)执行"编辑"|"插入文件"命令。
(4)在"文件"对话框中直接选定欲插入的另一个声音文件的文件。
(5)单击"打开"按钮,完成插入。

3. 混合声音文件

利用编辑菜单的"混入文件"命令,可将一个声音文件与另一个声音文件相互混合,产生特殊效果。例如,将一个解说词文件与一个音乐文件相混合,在播放时,则可同时听到解说词和音乐,即在解说词中增加背景音乐。

(1)打开一个声音文件。
(2)用"播放"和"停止"按钮或拖动滚动条上的滑块以定位欲混入声音文件的位置。
(3)执行"编辑"|"与文件混音"命令。
(4)在"文件"对话框中选择欲混入的另一个文件。
(5)单击"打开"按钮,完成混音。

4. 删除声音文件中的某一部分内容

(1)打开需要删除的声音文件。
(2)用"播放"和"停止"按钮或拖动滚动条上的滑块以定位欲删除的位置。
(3)执行"编辑"|"删除当前位置以前的内容"命令或"删除当前位置以后的内容"命令。
(4)确认是否删除。

以上操作需要多次尝试才会有一个满意的结果,如果不满意可使用"文件"菜单中的"还原"命令,使文件还原。

2.1.2 相关知识

1. 数字音频的产生与表示

在计算机内,所有的信息均以数字形式表示。各种命令是不同的数字,各种幅度的物理量是不同的数字。声音信号也用一系列数字表示,称为数字音频,其特点是保真度好,动态范围大。

在数字音频技术中,首先将幅值连续的模拟电压信号即模拟量表示的音频信号按一定的频率(称为采样频率)进行采样,即把时间上连续的信号,变成在时间上不连续的信号序列。然后把采样得到的表示声音强弱的模拟电压信号用数字表示,这一过程称为数字化过程。在用数字表示音频幅度时,因无穷多个电压幅度只能用有限个数字表示,所以用一个数字表示某一幅度范围内的电压,这个过程称为量化。

数字音频是通过采样和量化把模拟量表示的音频信号转换成由许多二进制数 1 和 0 组成的数字音频信号。采样和量化过程所用的主要硬件是模拟到数字的转换器(A/D 转换器),在数字音频回放时,由数字到模拟的转换器(D/A 转换器)将数字音频信号转换成原始的模拟电信号。

影响数字音频质量的参数有:采样频率、量化级。

采样频率是原始模拟信号每秒钟进行采样的次数。采样频率越高,声音"回放"出来的质量也越好,但是要求的存储容量也越大。常用的音频采样频率有 8 kHz、11.025 kHz、22.05 kHz、16 kHz、37.8 kHz、44.1 kHz、48 kHz。其中最常用的两种采样频率是 22.05 kHz 和 44.1 kHz。

量化级也称量化数据位数,是每个采样点能表示的数据范围,其常用的二进制位有 8 位、16 位和 32 位。以 8 位的量化级为例,每个采样点可以表示 2^8(256)个不同的量化值;量化级为 16 位,则对应有 2^{16}(65 536)个不同的量化值。量化级越高,则数据量越大,音质越好。

2.数字音频文件的格式与特点

在多媒体技术中存储声音信息的文件格式主要有 WAV 文件、VOC 文件、MIDI 文件、MP3 文件、WMA 文件、PCM 文件、RA 文件、CDA 文件、AIF 文件、SNO 文件以及 RMI 文件等。

(1)WAV 文件

WAV 文件,又名波形文件,扩展名为.WAV。是 Windows 本身存放数字声音的标准格式,由于 Microsoft 公司的影响力,目前也成为一种通用性的数字声音文件格式,几乎所有的音频处理软件都支持 WAV 格式。

WAV 文件来源于对声音模拟信号(模拟波形)的采样。用不同的采样频率对声音的模拟信号进行采样可以得到一系列离散的采样点,以不同的量化位数(8 位或 16 位)把这些采样点的值转化成二进制数,然后存入磁盘,它所需要的存储容量很大。用下列公式可以简单地推算出 WAV 文件所需的存储空间的大小。

WAV 文件的字节数/秒=采样频率(Hz)×量化位数(位)×声道数/8

例如,用 44.1 kHz 的采样频率对声波进行采样,每个采样点的量化位数选用 16 位,则录制一秒的立体声节目,其波形文件所需的存储容量为

44 100×16×2/8=176 400 字节/秒

WAV 直接记录声音的波形,所以只要采样频率高、量化位数多、机器速度快,利用该格式记录的声音文件能够和原声基本一致,但文件体积都很大(一分钟的波形文件需要 10 MB),不适合在网络上传播。

(2)VOC 文件

VOC 文件是 Creative 公司的波形音频文件格式,也是声霸卡(Sound Blaster)使用的音频文件格式。每个 VOC 文件由文件头块(Header Block)和音频数据块(Data Block)组成。文件头块包含一个标志、版本号和一个指向数据块起始的指针。数据块分成各种类型的子块,如声音数据、静音、标志、ASCII 码文件、重复的结束和重复以及终止标志、扩展块等。该文件的扩展名为.voc。

利用声霸卡提供的软件可以实现 VOC 和 WAV 文件转换。

(3) MIDI 文件

音乐设备数字接口(Musical Instrument Digital Interface,MIDI)是由世界上主要电子乐器制造厂商建立起来的一个通信标准,规定了计算机音乐程序、电子合成器和其他电子设备之间交换音乐信息与控制信号的方法。MIDI 文件中包含音符、定时和 16 个声道的乐器定义,每个音符包括键、声道号、持续时间、音量和力度等信息。所以 MIDI 文件记录的不是乐曲本身,而是一些描述乐曲演奏过程的指令,主要用于计算机声音的重放和处理。该文件的扩展名为.MID。

由于 MIDI 文件记录的是一系列指令而不是数字化后的波形数据,因此它占用的存储空间比 WAV 文件小得多,所以预先装入 MIDI 文件比装入 WAV 文件要容易得多。这为设计多媒体应用系统和指定何时播放音乐带来很大的灵活性。但是 MIDI 文件的录制比较复杂,要学习一些 MIDI 的专业知识,并且还必须有专门工具,如键盘合成器。

文件扩展名.RMI 是 Microsoft 公司的 MIDI 文件格式,它可以包括图片、标记和文本。

(4) MP3 文件

MPEG Audio-3 是现在最流行的声音文件格式,其扩展名为.MP3,它是采用 MPEG 标准音频数据压缩编码中层Ⅲ技术压缩之后的数字音频文件,MP3 格式压缩音乐的典型比例有 10∶1,17∶1 甚至 70∶1。以压缩比为 10∶1 为例说明,一分钟 CD 音质的音乐,未经压缩需要 10 MB 存储空间,而经过 MP3 压缩编码后只有 1 MB 左右。同时其音质基本保持不失真,所以 MP3 是目前最为流行的一种音乐文件。由此可知,该文件的特点是压缩比高、文件数据量小、音质好,能够在个人计算机和 MP3 播放机上进行播放。某些多媒体平台软件和算法语言支持改格式,被广泛应用在互联网和可视电话通信等许多领域,但和 CD 唱片相比,音质不能令人非常满意。

(5) WMA 文件

Microsoft 公司的 Windows Media Audio 7 是一种压缩的离散文件和流式文件,其文件扩展名为.WMA,是继 MP3 之后最受欢迎的音乐格式,在压缩比和音质方面都超过了 MP3,WMA(Windows Media Audio)相对于 MP3 的主要优点是在较低的采样频率下保持良好的音质。WMA 有 Microsoft 的 Windows Media Player 做强大的后盾,支持音频流(Stream)技术,适合网络在线播放,目前网上的许多音乐纷纷转向 WMA 格式。

(6) PCM 文件

PCM(Pulse Code Modulation)文件格式。该文件由模拟的音频信号经模/数转换(A/D 转换)直接形成的二进制序列组成,没有附加的文件头和结束标志。在声霸卡提供的软件中,可以利用 VOC-HDR 程序为 PCM 格式的音频文件加上文件头,而形成 VOC 格式,Windows 的 "Convert"工具也可以将 PCM 音频文件转换成 Microsoft 的 WAV 格式。该文件扩展名为.PCM。

(7) RA 文件

RA(Real Audio)是 Real Networks 推出的一种音乐压缩格式,其压缩比可以达到96∶1,因此,在网上比较流行。经过压缩的音乐文件可以在通过速率为 14.4 kbps 的用 Modem 上网的计算机中流畅回放。其最大特点是可以采用流媒体的方式实现网上实时播放,即边下载边播放。该文件扩展名为.RA。

(8) CDA 文件

CD AudioCD 又称为 CD 音乐,其扩展名为.CDA,是标准的激光盘文件。它是唱片采用的格式,又叫红皮书格式,记录的是波形流,该文件的特点是音质好,但缺点是数据量大,无法编辑。在 Windows 环境中,使用 CD 播放器播放。

模块 02
数字音频处理技术

2.2 制作手机铃声

案例目标
掌握音频编辑软件 Adobe Audition CS6 使用的方法。

案例说明
随着手机的更新与发展,手机铃声已经从单一和弦铃声发展为现在的音频文件铃声,有些用户以经常更新手机铃声为乐。利用音频处理软件 Adobe Audition CS6 可以轻松设置歌曲要剪切的片段,将歌曲的高潮部分准确地剪切出来,并且可以改变音量、进行淡入、淡出等效果处理,保存为单独的音乐文件,制作出富有个性的手机铃声。

2.2.1 完成过程

1.打开声音文件
在 Adobe Audition CS6 中,执行"文件"|"打开"命令,在"打开文件"窗口中,选择声音文件并打开,如图 2-8 所示。

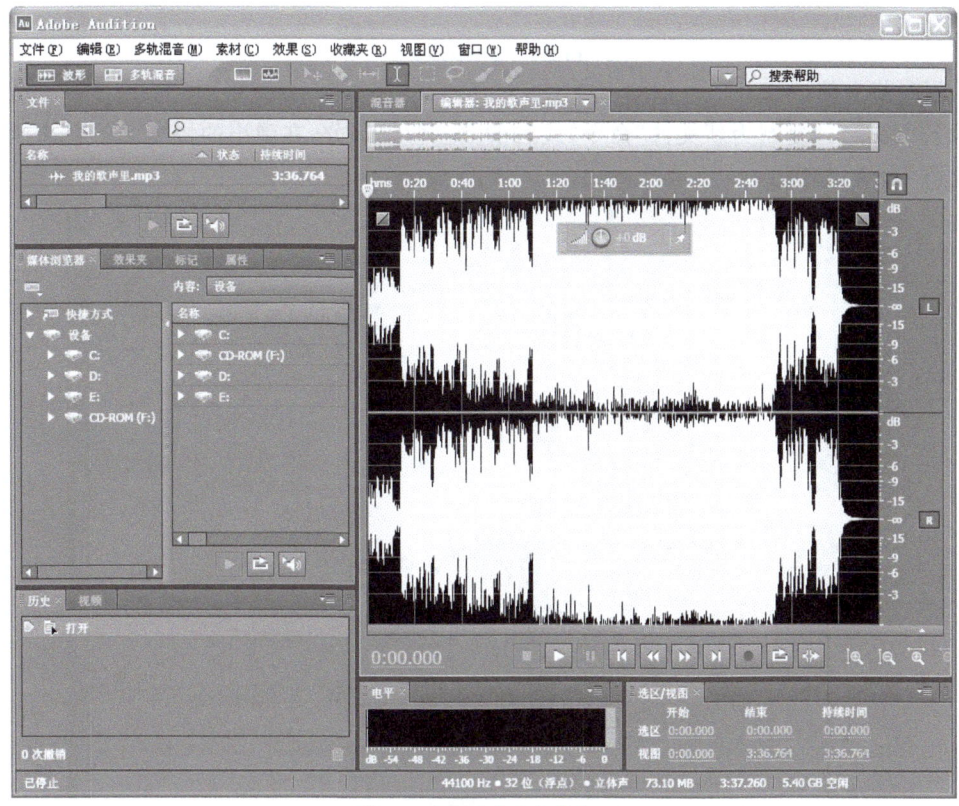

图 2-8 打开的声音文件窗口

2.选择声音波形
(1)反复聆听声音文件,确定要选择的部分。
(2)在波形上选择需要开始的地方按住鼠标左键不放并拖动,在需要结束的地方松开鼠标即可。这样,就选择了一段波形,选中的波形颜色较暗并配以白色底色显示,如图2-9所示。

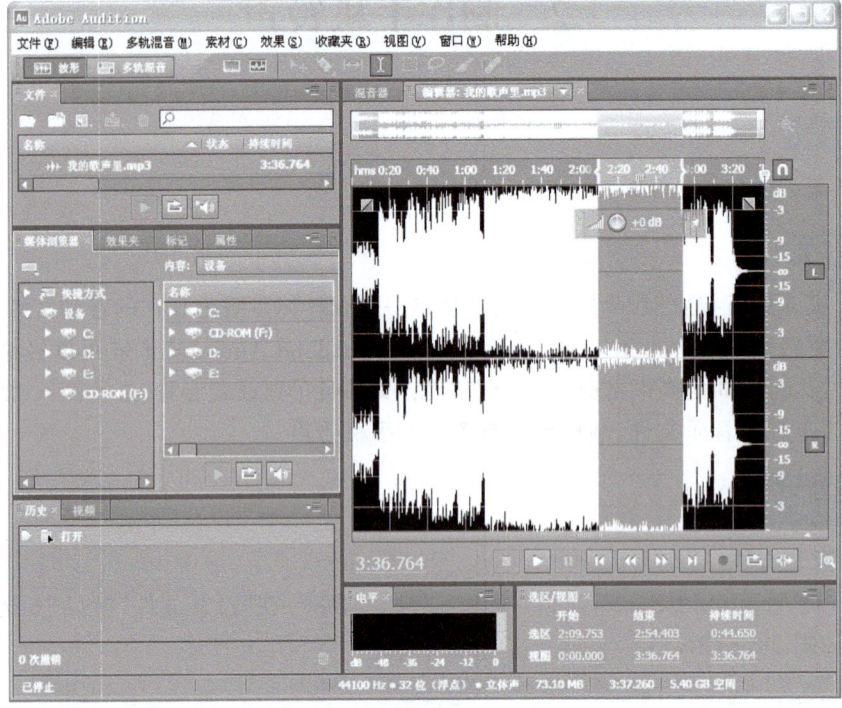

图 2-9 选中波形窗口

3.创建新文件

执行"编辑"|"复制为新文件"命令,或右击白色背景部分,在弹出的快捷菜单中选择"复制为新文件"命令,如图 2-10 所示。

图 2-10 复制为新文件

得到文件"未命名1",如图2-11所示。

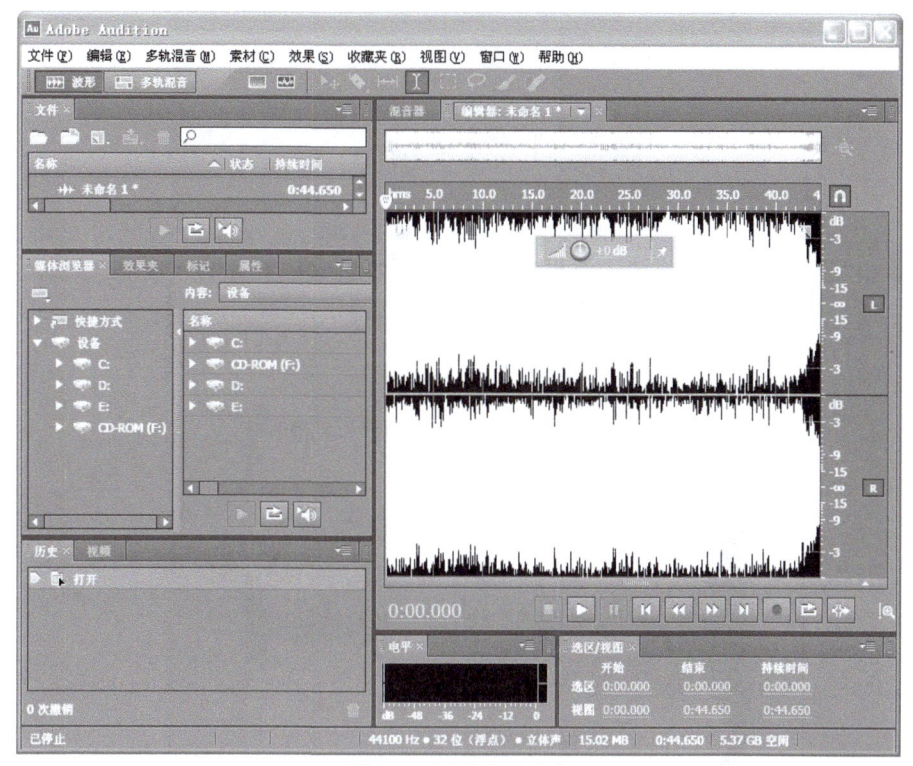

图2-11 "未命名1"文件

4.添加淡入效果

(1)将"未命名1"文件的开始部分选中,如图2-12所示。

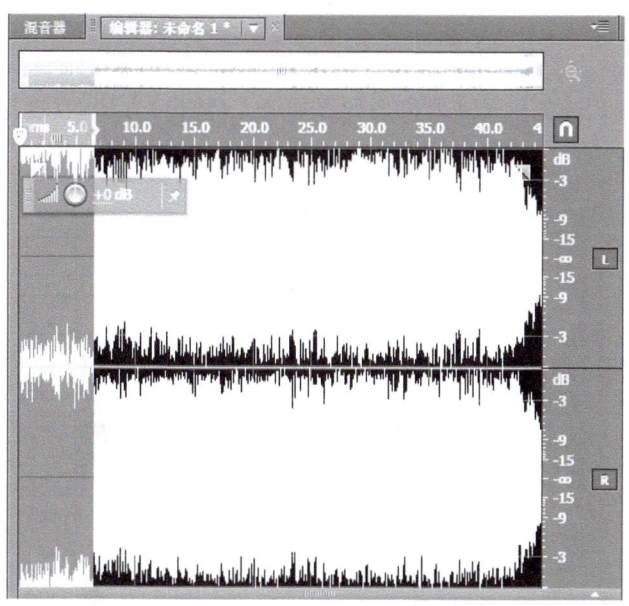

图2-12 选中文件开始部分

(2)执行"效果"|"振幅与压限"|"淡化包络"命令,打开"效果-淡化包络"对话框,在预设中选择"平滑淡入",如图2-13所示。

图 2-13 "效果-淡化包络"对话框

(3)单击"应用"按钮,完成淡入效果的添加,波形如图 2-14 所示。

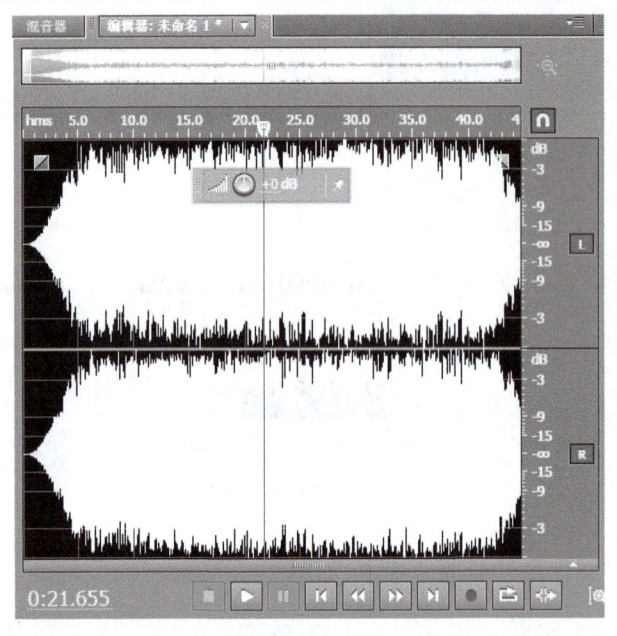

图 2-14 添加了淡入效果的波形

Adobe Audition CS6 提供了非常方便的添加淡入(淡出)方法,直接拖动淡入(淡出)控制滑块,设置淡入(淡出)效果,如图 2-15 所示。

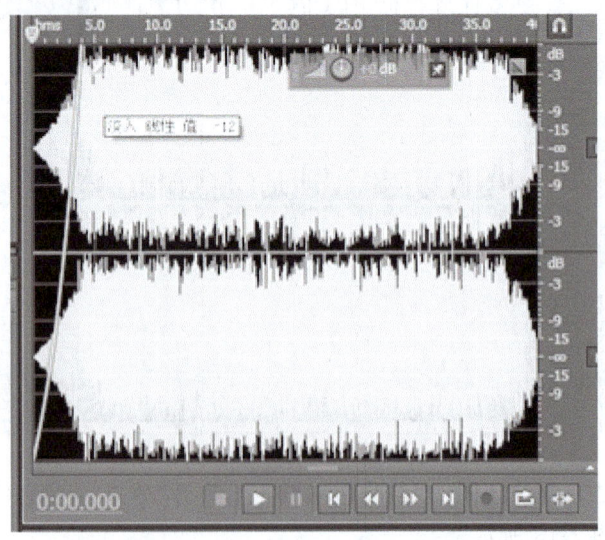

图 2-15 拖动淡入滑块添加淡入效果

5.保存文件

执行"文件"|"存储"命令,打开"存储为"对话框,将文件名保存为"手机铃声",选择保存文件格式".mp3",如图 2-16 所示。单击"确定"按钮,得到声音文件"手机铃声.mp3",如图 2-17 所示。

图 2-16 "存储为"对话框

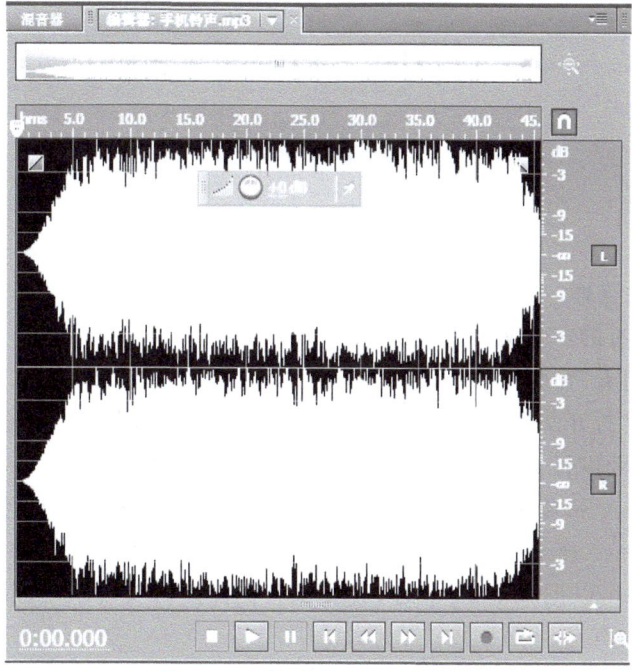

图 2-17 "手机铃声.mp3"文件窗口

2.2.2 相关知识

Adobe Audition CS6 是一款功能强大、效果出色的专业级音频编辑软件。它可以提供先进的音频混合、编辑、控制和效果处理功能,该软件最多混合 128 个声道,可以编辑多个音频文件,创建回路时可使用 49 种以上的数字信号处理效果。

Adobe Audition CS6 是一个完善的多声道录音室,可以提供灵活的工作流程且使用简便。无论是录制音乐还是为电影配音,它都可以轻松胜任。通过与 Adobe 视频软件的智能集成,实现音频与视频文件的结合。

多媒体技术应用

1. Adobe Audition CS6 的主界面

Adobe Audition CS6 主界面如图 2-18 所示。

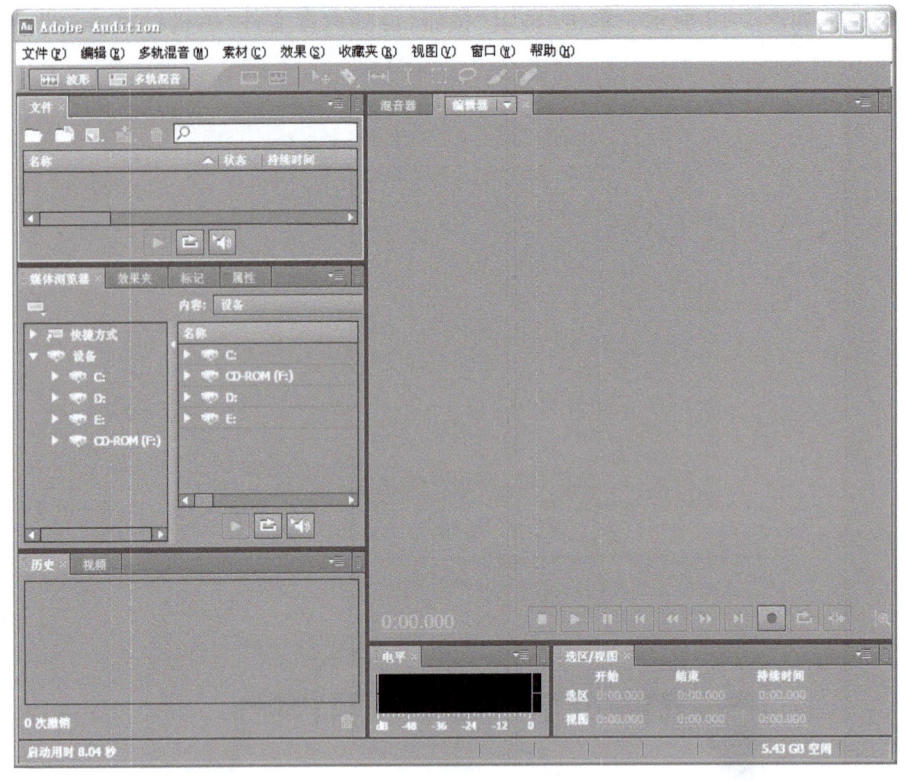

图 2-18 Adobe Audition CS6 的主界面

2. 声音的打开与保存

(1) 打开一个已有的声音文件。

执行"文件"|"打开"命令可以打开一个声音文件。也可以在文件窗口的空白处右击,选择"打开"命令,或单击"打开文件" 按钮打开一个声音文件。如果媒体浏览器的窗口是打开的状态,可以把要打开的声音文件用鼠标直接拖到编辑器或文件窗口里。

Adobe Audition CS6 支持几十种声音格式,它不但可以编辑扩展名是 .wav、.mp3、.au、.voc、.avi、.mpeg、.mov、.raw、.sds 等常用的声音文件,还可以编辑 Apple 电脑使用的声音文件;并且 Audition 还可以把 Matlab 中的 MAT 文件当作声音文件来处理,这些功能可以很容易地制作出所需要的声音。

现在打开一段波形文件(可以在 Windows 目录下的 Media 子目录中找到)。执行"文件"|"打开"命令,在弹出的打开窗口中找到所要打开的波形文件,单击"打开"按钮(或直接用鼠标双击这个波形文件)即可打开文件。

打开波形文件之后在 Audition 的编辑器窗口中即显示出了波形文件的声音的波形。如果是立体声,Audition 会分别显示两个声道的波形,上面代表左声道,下面代表右声道。而此时编辑器面板控制按钮也变得可以使用了。单击"播放"按钮,Audition 就会播放这个波形文件。播放波形文件的时候,在 Audition 窗口中会看到一条红色的指示线,指示线的位置表示正在播放的波形。与此同时,在电平表面板上会看到音量显示以及各个频率段的声音的音量大小,如图 2-19 所示。

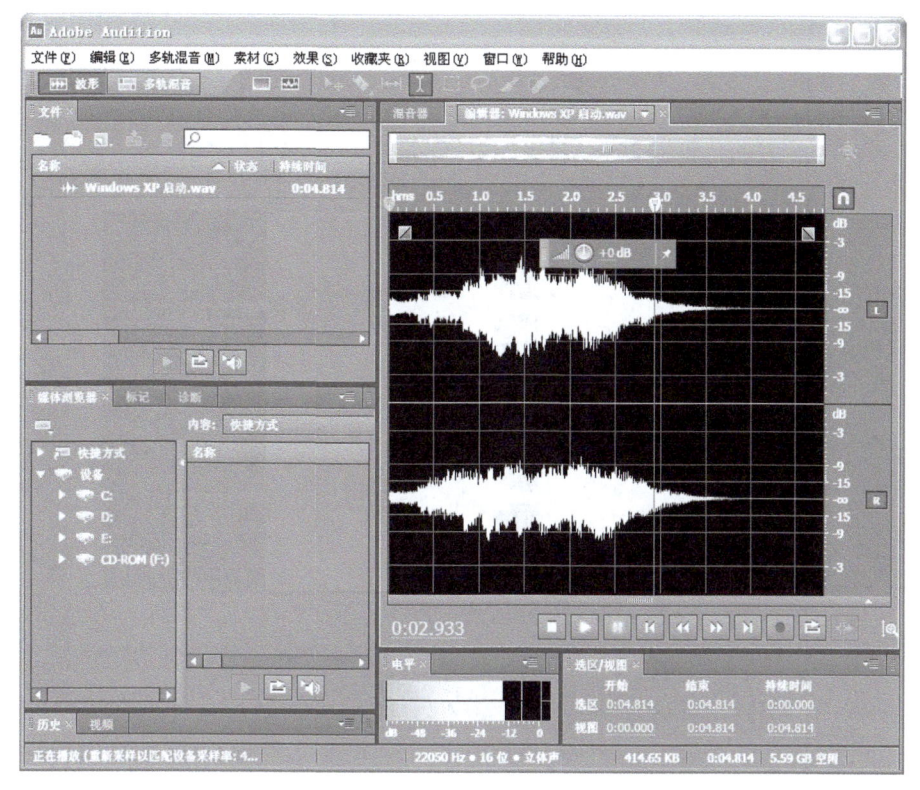

图 2-19　播放一个已有的声音文件

在播放波形文件的过程中可以随时暂停、停止、倒放、快放,使用方法与 Windows 的录音机一样。

(2)保存波形文件

执行"文件"|"另存为"命令,然后在"存储为"对话框中选择要保存的文件格式。建议将声音文件格式保存为 WAV、MP3、RAW 中的某一种,其中 RAW 用于网上广播。

对于编辑好的单轨波形文件,执行"文件"|"导出"|"文件"命令进行保存;对于编辑好的多轨波形文件,执行"文件"|"导出"|"多轨混缩"命令进行保存。

3.对波形文件进行简单操作

(1)选择波形

选择波形是 Audition 中一个重要的操作。因为在 Audition 中,用户所进行的操作都是针对选中的波形。所以,在处理波形之前,要先选择需要处理的波形。为了便于选择波形,建议改变显示比例(用 1∶10 或 1∶100 较为合适,其中,在 1∶100 条件下选择语音中的一个字是很容易的)。

选择波形的方法是,在波形上单击鼠标左键不放并拖动,在需要结束的地方松开鼠标即可。这样,就选择了一段波形,选中的波形以较暗的颜色并配以白色底色显示,如图 2-20 所示,未选中的波形颜色不变,现在,可以对这段波形进行各种各样地处理了。

(2)复制波形段

与其他 Windows 应用程序一样,复制分为复制和粘贴两个步骤:首先,选择波形段以后,执行"编辑"|"复制"命令,或右击选中的白色背景部分,在弹出的快捷菜单中选择"复制",选中的波形即被复制;然后,用鼠标选择需要粘贴波形的位置(配合使用左键和右键来选择插入

多媒体技术应用

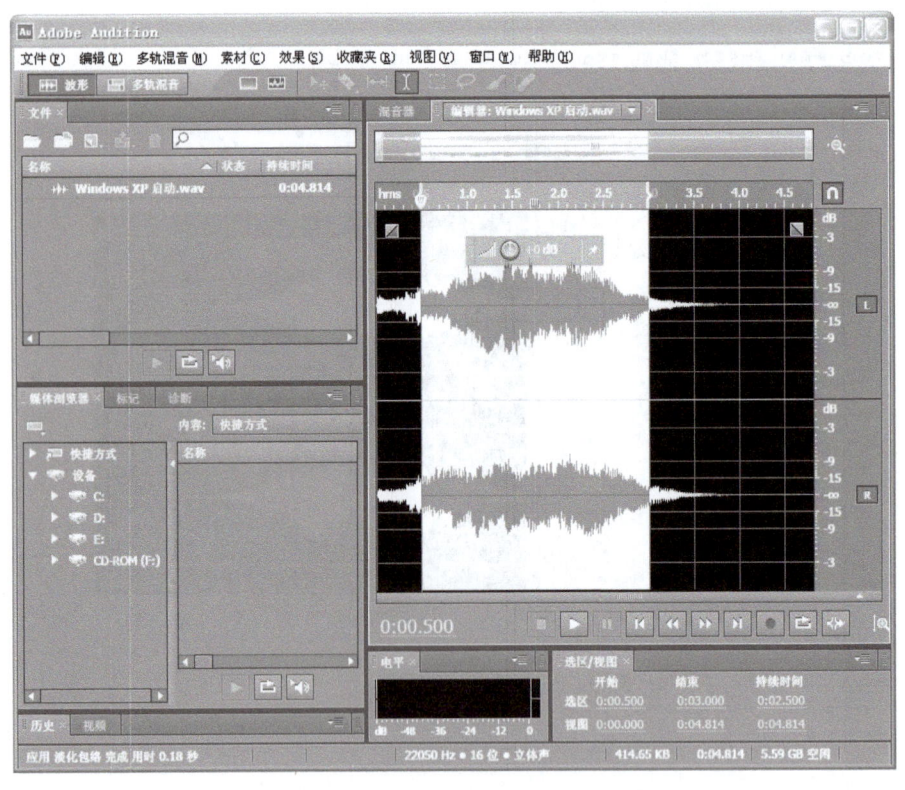

图 2-20　选中与未选中波形的界面

点);最后,执行"编辑"|"粘贴"命令,或右击,在弹出的快捷菜单中选择"粘贴",刚才复制的波形就会被粘贴到所选的位置了。

(3)剪切波形段

执行"编辑"|"剪切"命令。剪切波形段与复制波形段的区别是:复制波形段是把一段波形复制到某个位置,而剪切波形段是把一段波形剪切下来,粘贴到某个位置。剪切波形段与复制波形段的操作方法一样,只是复制的时候所选的是"复制"命令,而剪切的时候所选的是"剪切"命令。

(4)删除波形段

执行"编辑"|"删除"命令。删除波形段的后果是直接把选中的一段波形删除,而不保留在剪贴板中。

(5)裁剪波形段

裁剪波形段类似删除波形段,不同之处是,删除波形段时把选中的波形删除,而裁剪波形段时把未选中的波形删除,两者的作用可以说是相反的。裁剪波形段使用"裁剪"命令,裁剪以后,Audition 会自动把剩下的波形放大显示。

(6)混合式粘贴波形段

上面介绍的粘贴是普通的粘贴命令,除此之外,在 Audition 编辑菜单中还有一个混合式粘贴命令,它是把复制的波形与原有的波形混合。

4.利用 Adobe Audition CS6 进行录音

利用 Adobe Audition CS6 可以轻松实现麦克风的录音。

模块 02 数字音频处理技术

(1) 单轨录音

进入操作界面以后,执行"文件"|"新建"|"音频文件"命令,或单击 按钮选择"新建音频文件",打开"新建音频文件"对话框,如图 2-21 所示。设置新建音频文件的属性,在"采样率"中选择 44100 Hz,"声道"为"单声道",以"语音"命名,单击"确定"按钮,完成设置。

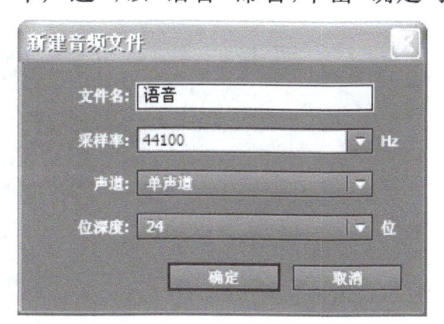

图 2-21 "新建音频文件"对话框

初始化设置后的声音文件如图 2-22 所示。

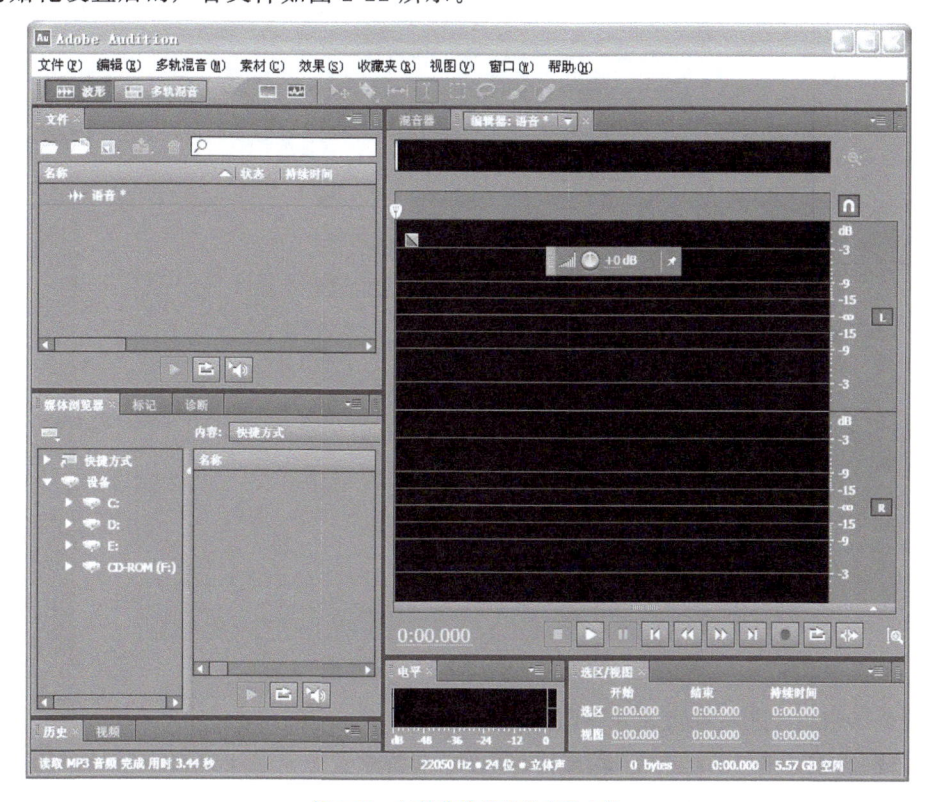

图 2-22 初始化设置后的声音文件

单击"录音"按钮开始录音,录音结束单击"停止"按钮停止录制,得到语音波形文件如图 2-23 所示。

(2) 多轨录音

进入操作界面以后,执行"文件"|"新建"|"多轨混音项目"命令,或单击 按钮选择"新建多轨混音",打开"新建多轨混音"对话框,如图 2-24 所示。设置完成,单击"确定"按钮。

多媒体技术应用

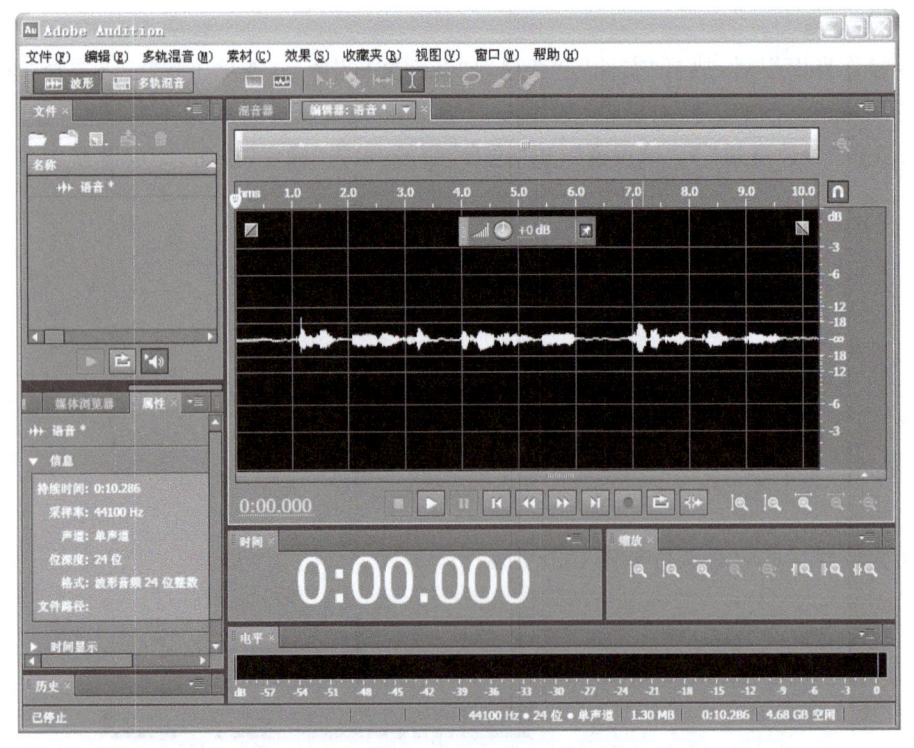

图 2-23 语音波形文件

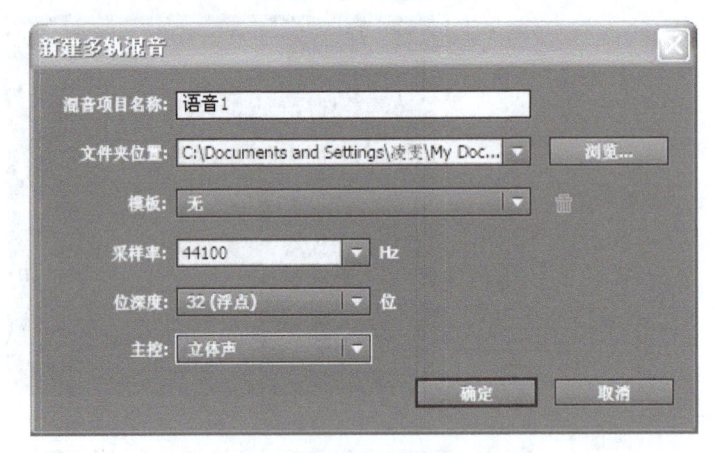

图 2-24 "新建多轨混音"对话框

如图 2-25 所示,进入多轨录音界面。

按下"轨道 1"上的"录制准备" R 按钮,就可以准备录音了。接下来按下"录音" 按钮,这时只要发出声音就会在"轨道 2"上产生波形了。

5.录音后的编辑加工

(1)调整音量

如果所录制的音频音量过小,可以对音量进行调整,执行"效果"|"振幅与压限"|"标准化(处理)"命令,打开"标准化"对话框,如图 2-26 所示。将"标准化为"的参数进行设置,单击"确定"按钮,完成设置。可以比较音量调整前后波形的变化,如图 2-27 所示。

图 2-25 多轨录音界面

图 2-26 "标准化"对话框

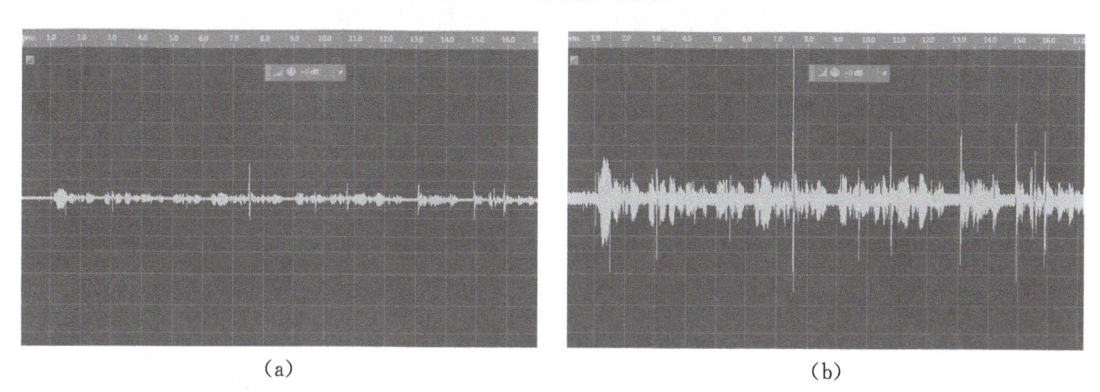

(a)　　　　　　　　　　　　　　　(b)

图 2-27 音量调整前后波形对比

对于音量的调整也可以直接使用 来调整音量。

(2)降噪处理

选择一段没有人声的波形,执行"效果"|"降噪/恢复"|"捕捉噪声样本"命令,得到噪声样本,然后,选中全部波形,执行"效果"|"降噪/恢复"|"降噪(处理)"命令,打开"效果-降噪"对话

框,如图 2-28 所示。

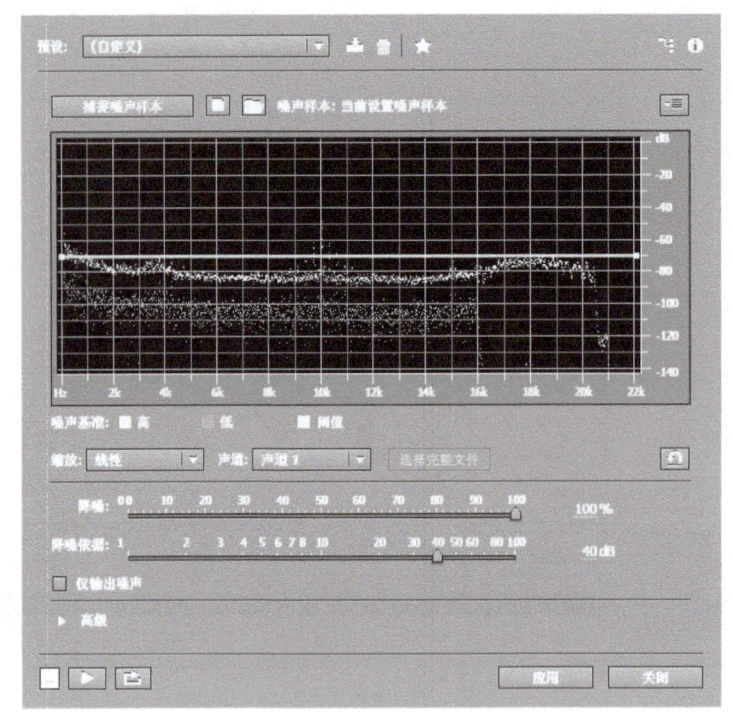

图 2-28 "效果-降噪"对话框

在对话框中可以单击"预演播放"按钮,试听满意后,单击"应用"按钮,完成降噪处理。处理前后波形变化如图 2-29 和图 2-30 所示。

图 2-29 降噪前波形　　　　　　　　图 2-30 降噪后波形

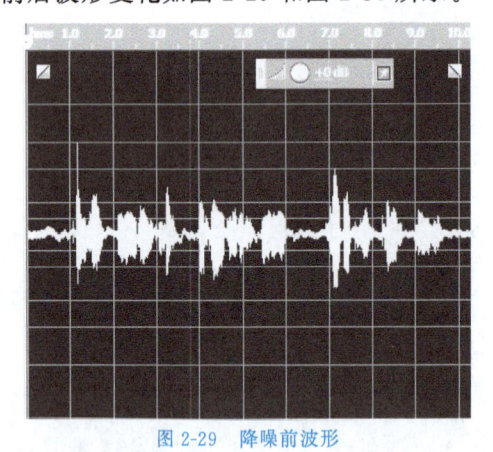

(3) 压限处理

压限能将振幅差别比较大的声波调节成一致,这样声音大小比较协调。选择波形,执行"效果"|"振幅与压限"|"动态处理"命令,在弹出的对话框中设置参数,如图 2-31 所示,单击"应用"按钮,完成压限处理。处理前后对比效果如图 2-32 和图 2-33 所示。

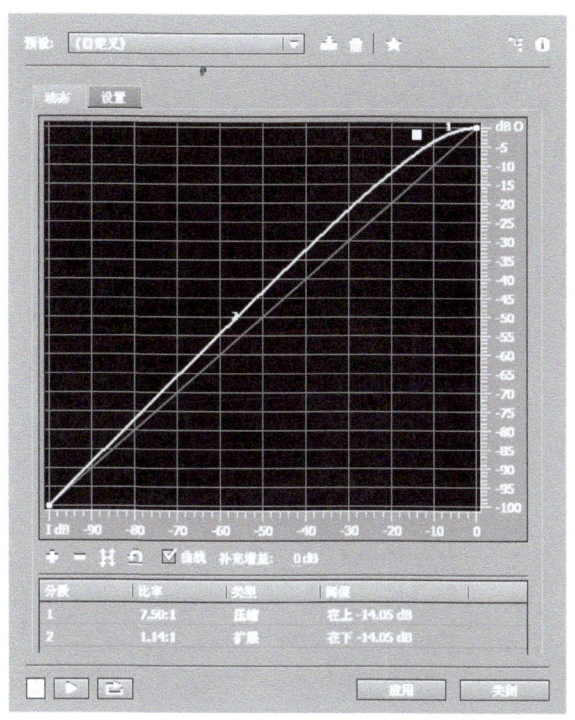

图 2-31 效果-动态处理参数设置

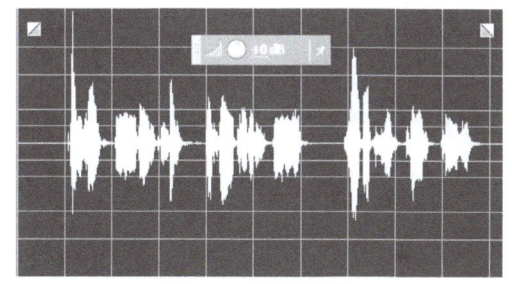

图 2-32 压限前波形

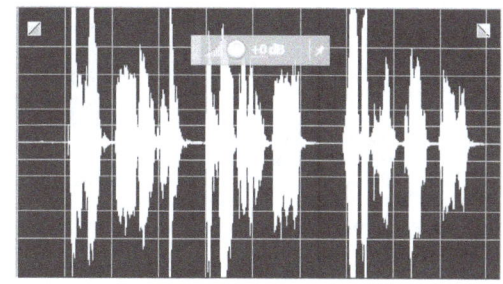

图 2-33 压限后波形

(4)增加混响效果

录制的语音通常都有点干瘪,可以通过混响功能增加立体空间感。执行"效果"|"混响"|"室内混响"命令,打开"效果-室内混响"对话框,如图 2-34 所示。设置参数,对于初学者一般预设使用默认即可,单击"预演播放"按钮,试听满意后,单击"应用"按钮。

6.数字音频的转换

数字音频的转换方式有很多种,其中最简便的方法就是利用数字音频编辑工具执行"文件"|"另存为"命令。例如用 Audition 软件,打开一种音频文件之后,执行"文件"|"另存为"命令,打开"存储为"对话框,如图 2-35 所示。在保存类型中选择用户需要转换的文件类型,单击"保存"按钮,文件即可得到相应的转换。

类似支持多种音频文件格式转换的编辑软件还有很多。例如:GoldWave、Premiere、Media Studio Pro 5.0、AmazingMIDI 1.60 等。其转换的方法与上述方法类似,这里就不列举了。

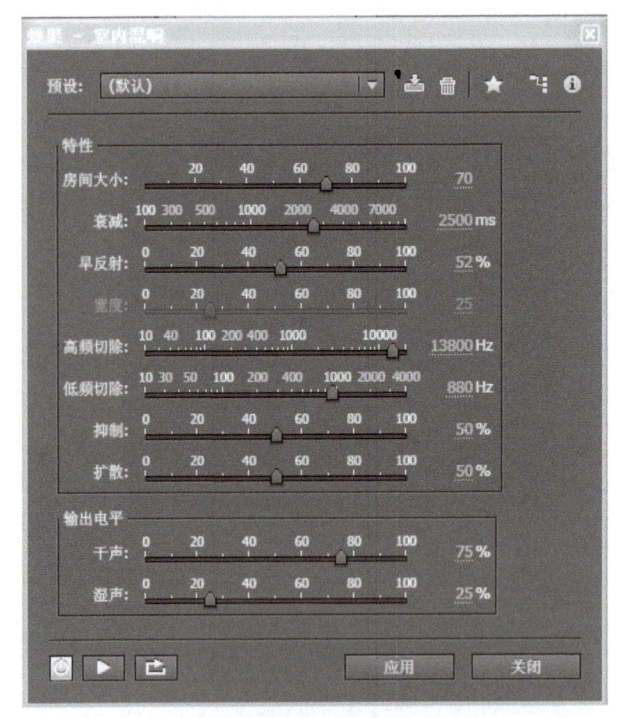

图 2-34 "效果-室内混响"对话框

图 2-35 "存储为"对话框

经验指导

1. 利用 Windows 录音机进行声音的采集与编辑是十分方便的,但它只适合每次 60 秒以内的录音,大段的配音或背景音乐的录制需要采用专业的音频编辑软件完成。

2. 在音频编辑软件 Adobe Audition 中,对波形进行剪切、复制、删除、移动等操作,可以通过菜单、快捷按钮或快捷键实现,如需要移动某一段波形,可以选中该段波形后,通过剪切、复制和粘贴的组合实现移动。如要删除某一波形,直接选中后按 Delete 键即可,如果需要进行批量处理,也可以使用脚本进行编辑处理,提高工作效率。

3. 使用 Adobe Audition 在多个不同的波形文件之间进行选中波形复制时,要注意不同文件之间如果原有的采样频率、深度不同,则复制后的波形的相关参数会自动变换为目标波形的参数值。

拓展训练

训练 2-1　制作翻唱歌曲

训练要求：

使用 Adobe Audition CS6 在伴奏带中录制自己的歌曲，并对录制的歌曲作降噪、混响、调整音量等处理并保存。

1. 获取伴奏带

(1) 从网上下载音乐伴奏带

现在有一些可以提供免费下载音乐伴奏带的网站，可以从这样的网站下载所需的音乐伴奏带。

(2) 自制伴奏带

目前大部分 MP3 歌曲都是伴奏和声音混合在一起的，用 Adobe Audition CS6 可以提取伴奏带。执行"效果"|"立体声声像"|"中置声道提取"命令，在"预设"中选择"人声移除"，完成伴奏制作。需要说明的是采用这种方法不可能完全消除人声，不过演唱时的声音完全可以覆盖住没有消除干净的原声。

另外，也有的 MP3 歌曲伴奏和声音是分开的，伴奏和声音分别放在不同的声道中，通过左、右声道激活状态开关，分别听左、右声道的声音，然后，直接删除人声所在轨道的波形提取伴奏带。

2. 录歌

(1) 启动 Adobe Audition CS6 后，单击 [多轨混音] 按钮进入多轨界面。用鼠标右键单击"轨道1"，从弹出的快捷菜单中执行"插入"|"文件"命令，在打开的"导入文件"窗口中将音乐伴奏带导入"轨道1"。

(2) 将"轨道2"设为"录音轨道"，在"轨道2"左边的控制栏上，按下"录制准备" [R] 按钮，就可以准备录歌了。接下来按下"录音" [●] 按钮，这时就可以录制歌曲。

3. 编辑声音

用鼠标右键单击"轨道2"，从弹出的快捷菜单中执行"编辑源文件"命令，进入单轨界面。

(1) 降噪

执行"效果"|"降噪/恢复"|"降噪（处理）"命令。如果录歌环境比较好，就不会有很大的噪声，可以不做降噪处理，因为如果处理不好往往会把声音当成噪声处理掉。

(2) 调整音量

一般情况下，录制出来的声音往往比伴奏带的声音小，可以执行"效果"|"振幅与压限"|"标准化（处理）"命令，或使用 [+0dB] 来调整音量。

(3) 混响

选择录制的声音，执行"效果"|"混响"|"完全混响"命令。打开"效果-完全混响"对话框，对"干声"、"混响"和"早反射"进行设置，单击"预演播放"按钮，试听满意后，单击"应用"按钮，完成混响处理。

经过一系列编辑处理，得到满意的歌声效果。

4. 保存

单击 [多轨混音] 按钮返回多轨界面，预览翻唱歌曲。如果满意，执行"文件"|"导出"|"多轨缩混"|"完整混音"命令，打开"导出多轨缩混"对话框，选择路径和文件类型，对翻唱的歌曲进行保存。

模块 03　数字图像处理技术

教学目标

　　Photoshop 作为一个功能强大的图像处理软件，它可以方便美术设计人员为自己的作品添加无限的艺术魅力；为摄影师提供了颜色校正、颜色润饰、瑕疵修复等各种工具；为平面广告、建筑及装饰装潢等各个行业的设计人员提供了多种图像处理手段，设计各种类型的平面作品。
　　我们通过标志设计、移花接木、水晶按钮、运动会招贴画设计、数码相片的颜色校正等案例的学习，掌握 Photoshop CS5 的基本使用方法，能够熟练操作 Photoshop CS5 进行平面作品的制作。

教学要求

知识要点	能力要求	关联知识
选区的创建与编辑	掌握	工作界面的设置 基本概念和文件格式 创建选择区域 选择区域的编辑与修改 图像合成的制作方法
图层的应用	掌握	图层的基本操作 图层面板的应用 图层样式的设置方法
图像的色彩调整	掌握	调整色阶 调整曲线 调整色彩平衡
矢量图形与路径	掌握	钢笔工具的使用方法 锚点的属性 路径面板的使用方法
滤镜的应用	掌握	风格化滤镜 模糊滤镜

3.1 标志设计

案例目标

1. 掌握选区工具的基础操作方法。
2. 运用选区工具进行标志设计。

案例说明

选区的创建是非常重要的环节,因为绝大部分的操作都是在建立选区的状态下完成的,操作和命令只针对当前选区。使用规则选框工具、套索工具、魔棒工具以及"色彩范围"命令,都可以建立不同形状的选区,并且这些工具或命令可以灵活地结合使用,从而得到更精确、有效的选区。

通过标志的制作来进行选区工具的练习。由于还未涉及图层方面的知识,目前的操作主要在背景层中进行,因此,新建文件进行标志设计时,将背景色设置成白色,最终效果如图 3-1 所示。

图 3-1 标志最终效果

3.1.1 完成过程

1. 新建空白文档,宽度×高度为 600 像素×600 像素,分辨率为 200 像素/英寸,RGB 颜色模式,背景内容为白色,如图 3-2 所示。

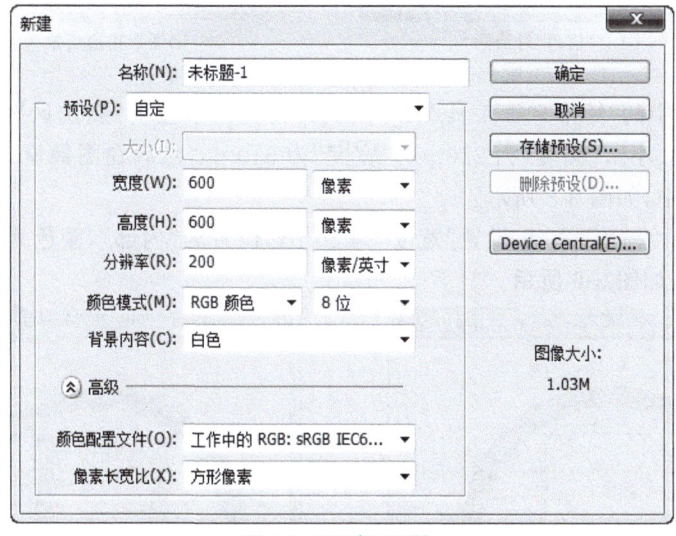

图 3-2 "新建"对话框

2. 按 Ctrl+'键打开网格,单击工具箱中的"椭圆选框工具",在工具属性栏按下"新选区"按钮,羽化值为 0,样式选择"固定大小","高度"和"宽度"都为 420 px,然后在图像窗口中创建一个圆形选区,如图 3-3 所示。

多媒体技术应用

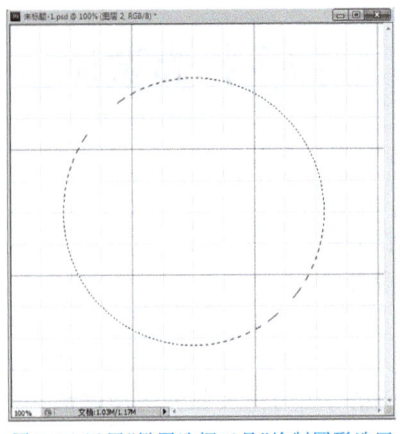

图 3-3 运用"椭圆选框工具"绘制圆形选区

3.选择"编辑"|"描边"命令,设置"宽度"为30 px,位置为"居中",颜色为红色,单击"确定"按钮,并取消选区,如图 3-4 所示。

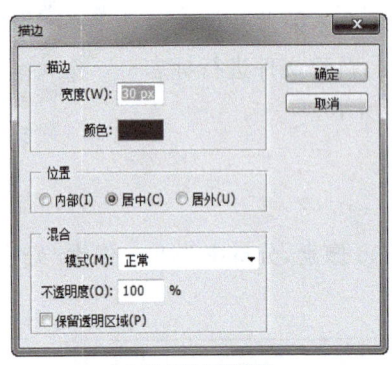

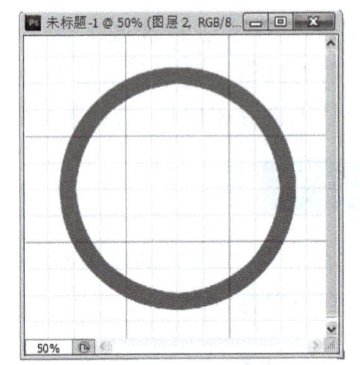

(a)"描边"对话框　　　　　　　　　　(b)图形描边后效果

图 3-4 为圆形选区描边图像描边后效果

4.单击工具箱中的"矩形选框工具"□,在工具属性栏中按下"新选区"按钮□,羽化值为0,样式选择"固定大小","高度"为 210 px,"宽度"为 310 px,然后在图像窗口中创建一个矩形选区,放在圆圈正中,如图 3-5 所示。

5.选择"编辑"|"描边"命令,设置"宽度"为 30 px,位置为"内部",颜色为红色,单击"确定"按钮,并取消选区,如图 3-6 所示。

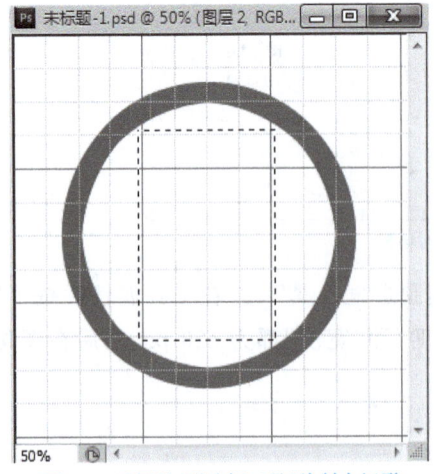

图 3-5 运用"矩形选框工具"绘制大矩形　　　　图 3-6 为大矩形选区描边

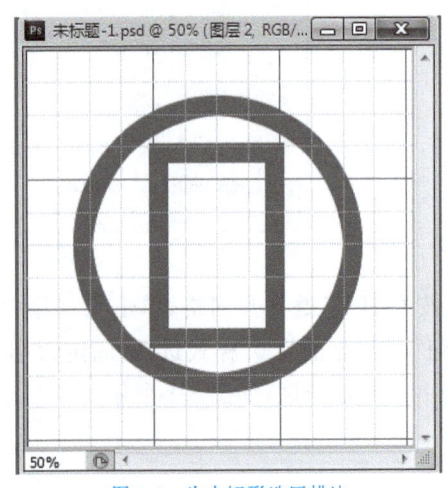

6. 单击工具箱中的"矩形选框工具" ,在工具属性栏中按下"新选区"按钮 ,羽化值为0,样式选择"正常",然后在图像窗口中创建一个矩形选区,放在圆圈中心,如图3-7所示。

7. 选择"编辑"|"描边"命令,设置"宽度"为30 px,位置为"内部",颜色为红色,单击"确定"按钮,并取消选区,如图3-8所示。

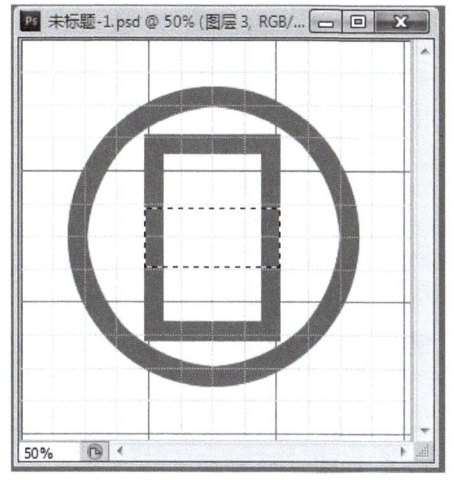

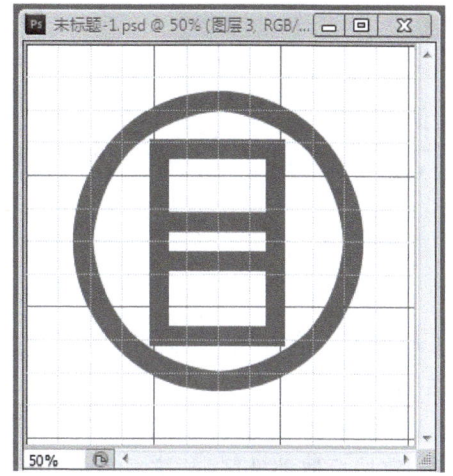

图3-7 创建小矩形选区　　　　图3-8 为小矩形选区描边

8. 单击工具箱中的"矩形选框工具" ,在工具属性栏中按下"新选区"按钮 ,羽化值为0,样式选择"正常",然后在图像窗口中创建一个矩形选区,放在圆圈中心,如图3-9所示。

9. 选择"编辑"|"描边"命令,设置"宽度"为30 px,位置为"内部",颜色为红色,单击"确定"按钮,并取消选区,如图3-10所示。

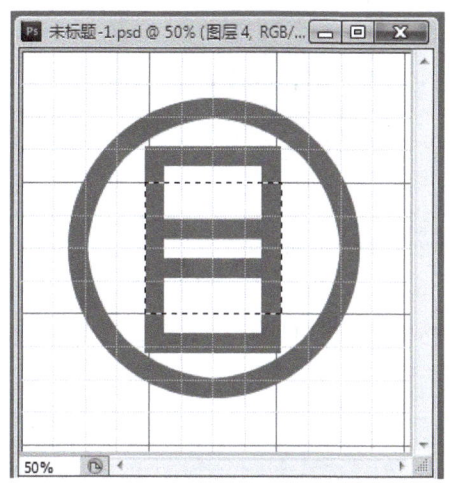

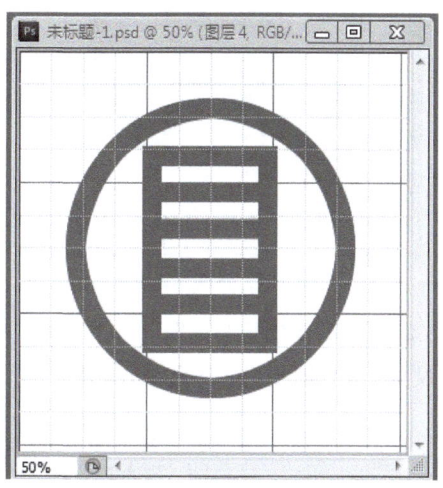

图3-9 创建中矩形选区　　　　图3-10 填充中矩形选区

10. 单击工具箱中的"单列选框工具" ,在工具属性栏中按下"新选区"按钮 ,羽化值为0,样式选择"正常",然后在图像窗口中创建一个单列选区,按住Shift键再次增加创建一个单列选区,如图3-11所示。

多媒体技术应用

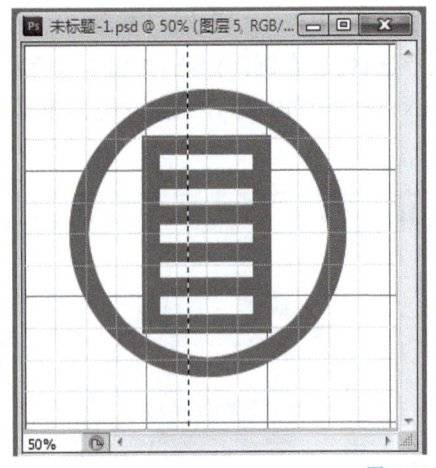

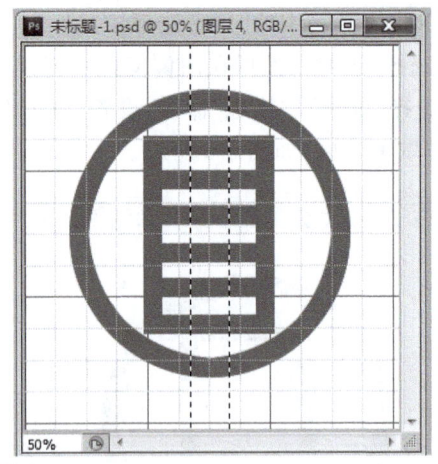

图 3-11 创建单列选区

11.单击工具箱中"矩形选框工具"，按住 Alt 键，框选多出来的部分，对选取范围进行删减，如 3-12 所示。

12.选择"编辑"|"描边"命令，设置"宽度"为 30 px，位置为"居中"，颜色为红色，单击"确定"按钮，完毕后取消选区，并按 Ctrl+'键关闭网格显示，如图 3-13 所示。

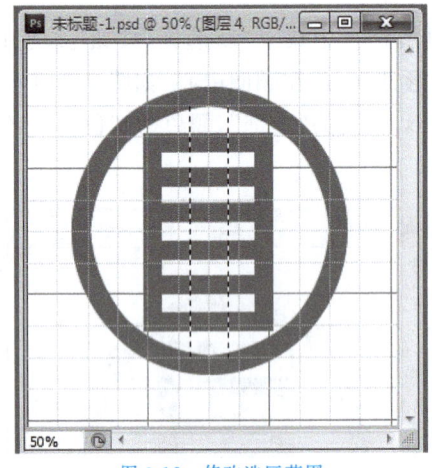

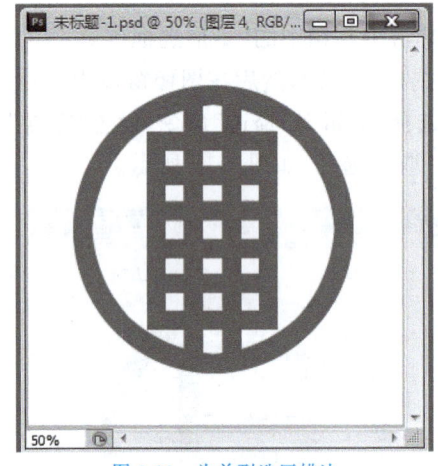

图 3-12 修改选区范围　　　　　　　　图 3-13 为单列选区描边

13.利用"矩形选框工具"，选中不需要的部分，设置前景色为白色，单击"编辑"|"填充"命令，设置使用"前景色"填充，如图 3-14 所示。

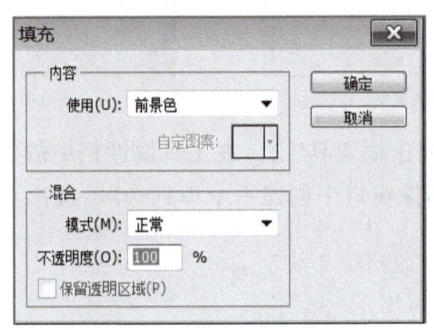

图 3-14 填充前景色

14. 用上述同样方法，依次填充白色，如图 3-15 所示。

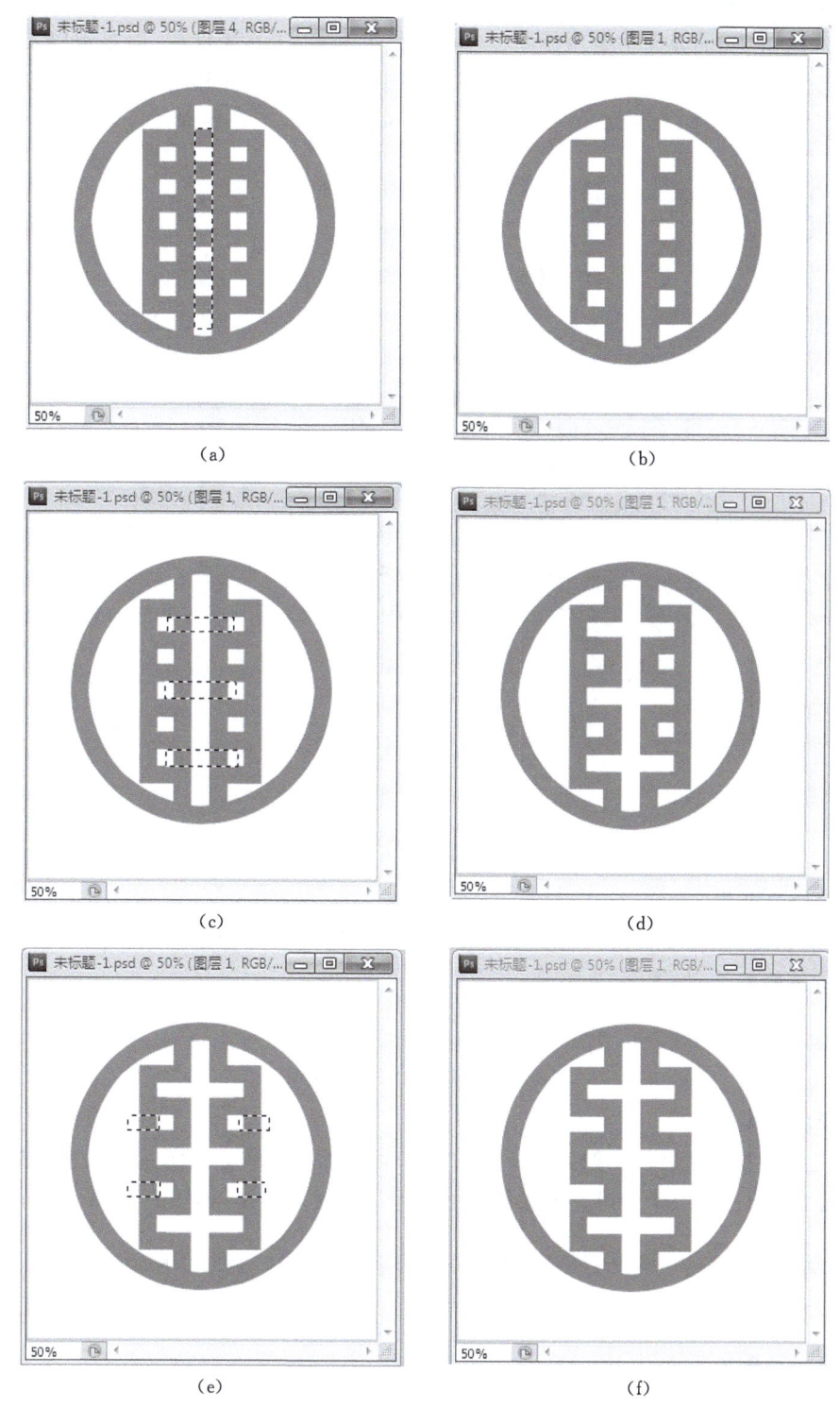

图 3-15 运用选区工具填充白色

15. 选择"文件"|"存储"命令，保存文件。

多媒体技术应用

3.1.2 相关知识

Photoshop CS5 的界面主要由标题栏、菜单栏、工具箱、工具属性栏、面板组以及状态栏等几个主要部分组成。我们只有熟练掌握了各组成部分的基本名称和功能后,才可以对图形图像进行熟练自如的操作,如图 3-16 所示为 Photoshop CS5 的工作界面及说明。

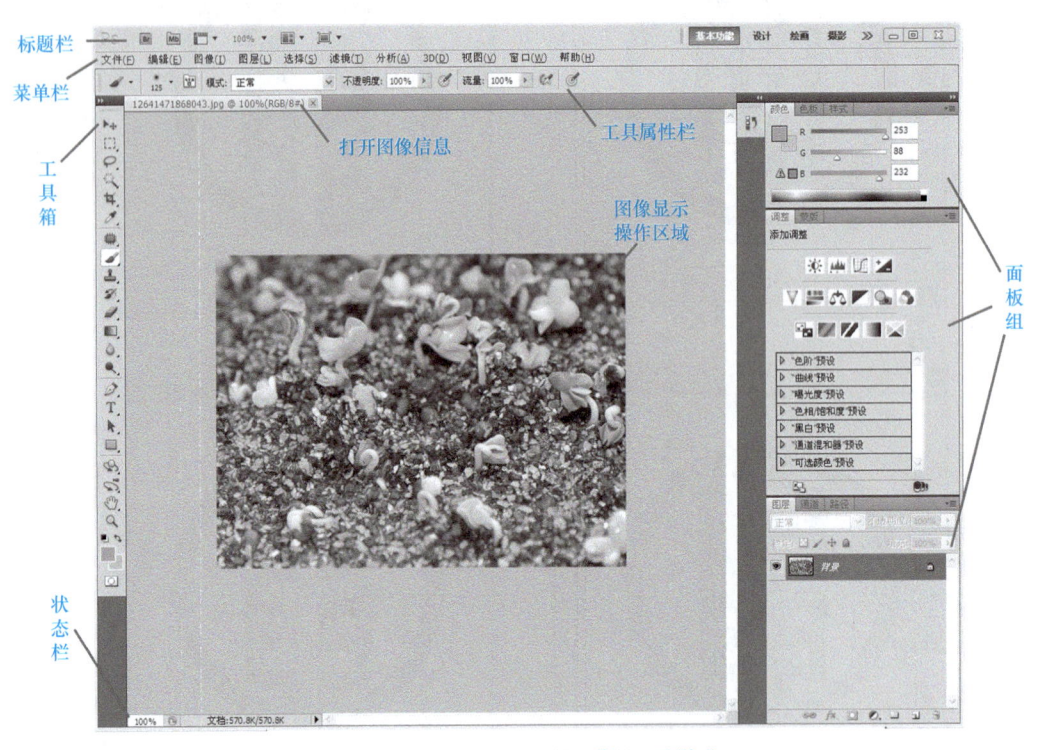

图 3-16　Photoshop CS5 的工作界面及说明

1.标题栏的操作

标题栏可以对图像文件进行各类编辑操作。可以通过选择标题栏相关按钮,对图像进行快速便捷的编辑操作,如图 3-17 所示。

图 3-17　Photoshop CS5 的标题栏

2.菜单栏的操作

菜单栏主要提供了进行图像处理所需的所有菜单命令。单击任何一个菜单,都会弹出相应的下拉菜单,选择相应命令可完成大部分的图像编辑处理工作,如图 3-18 所示。

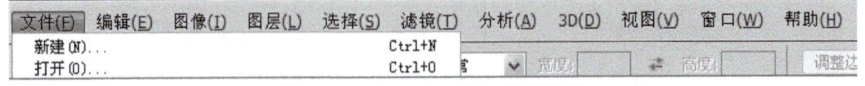

图 3-18　Photoshop CS5 的菜单栏

3.工具箱的操作

工具箱主要提供各种图像绘制和处理工具,单击每个工具选项即可选中,按住右下角带有黑色小三角形的工具即可看到工具组的其他工具选项,如图 3-19 所示。

单击可切换工具栏为单栏显示

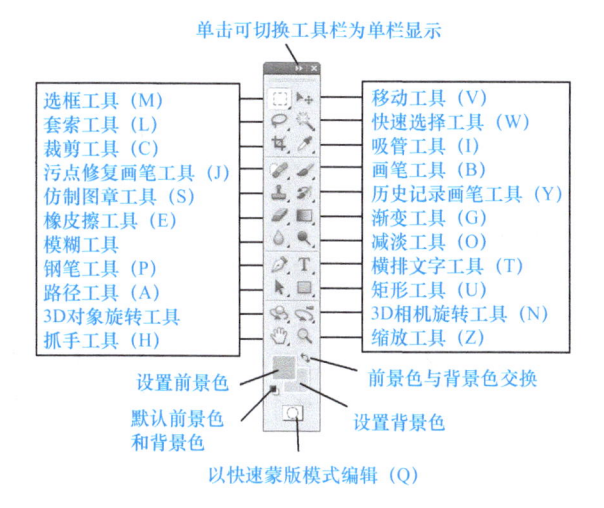

选框工具（M）　　　　　移动工具（V）
套索工具（L）　　　　　快速选择工具（W）
裁剪工具（C）　　　　　吸管工具（I）
污点修复画笔工具（J）　　画笔工具（B）
仿制图章工具（S）　　　历史记录画笔工具（Y）
橡皮擦工具（E）　　　　渐变工具（G）
模糊工具　　　　　　　　减淡工具（O）
钢笔工具（P）　　　　　横排文字工具（T）
路径工具（A）　　　　　矩形工具（U）
3D对象旋转工具　　　　　3D相机旋转工具（N）
抓手工具（H）　　　　　缩放工具（Z）

设置前景色　　　　　　前景色与背景色交换
默认前景色
和背景色　　　　　　　设置背景色

以快速蒙版模式编辑（Q）

图 3-19　Photoshop CS5 的工具箱

4.工具属性栏的操作

用户在工具箱中选择工具后，菜单栏下方的工具属性栏就会显示当前工具的相应属性和参数，以方便用户进行相关编辑，如图 3-20 所示为画笔工具的相关属性显示：

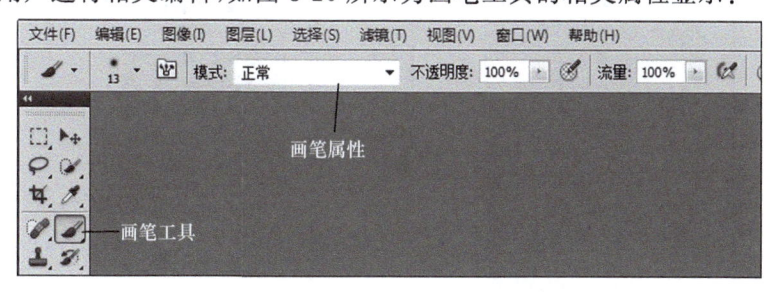

画笔属性

画笔工具

图 3-20　Photoshop CS5 的工具属性栏

5.面板组的操作

面板具有伸缩、拆分、组合功能，这些功能有利于用户便捷地进行面板选项的操作。

6.图像窗口

图像窗口是指 Photoshop CS5 工作界面中打开的图像窗口，其中显示了该图像文件的内容，是对图像进行浏览和编辑操作的主要场所。图像窗口标题栏中的 12641471868043.jpg @ 100%(RGB/8#) 显示了该图像文件的文件名、图像格式、比例大小、色彩模式的信息。

7.状态栏

状态栏位于图像窗口的底部，一般显示当前图像的比例、大小以及当前工具使用提示或工作状态等提示信息，如图 3-21 所示。

图 3-21　Photoshop CS5 的状态栏

8.工具箱的介绍

工具箱中提供了各种图像绘制和处理工具，如果工具图标下有黑色小三角形标记，表示该工具组下还有其他隐藏工具。工具箱如图 3-22 所示（多种工具共用一个快捷键的可同时按 Shift 键加此快捷键选取）。

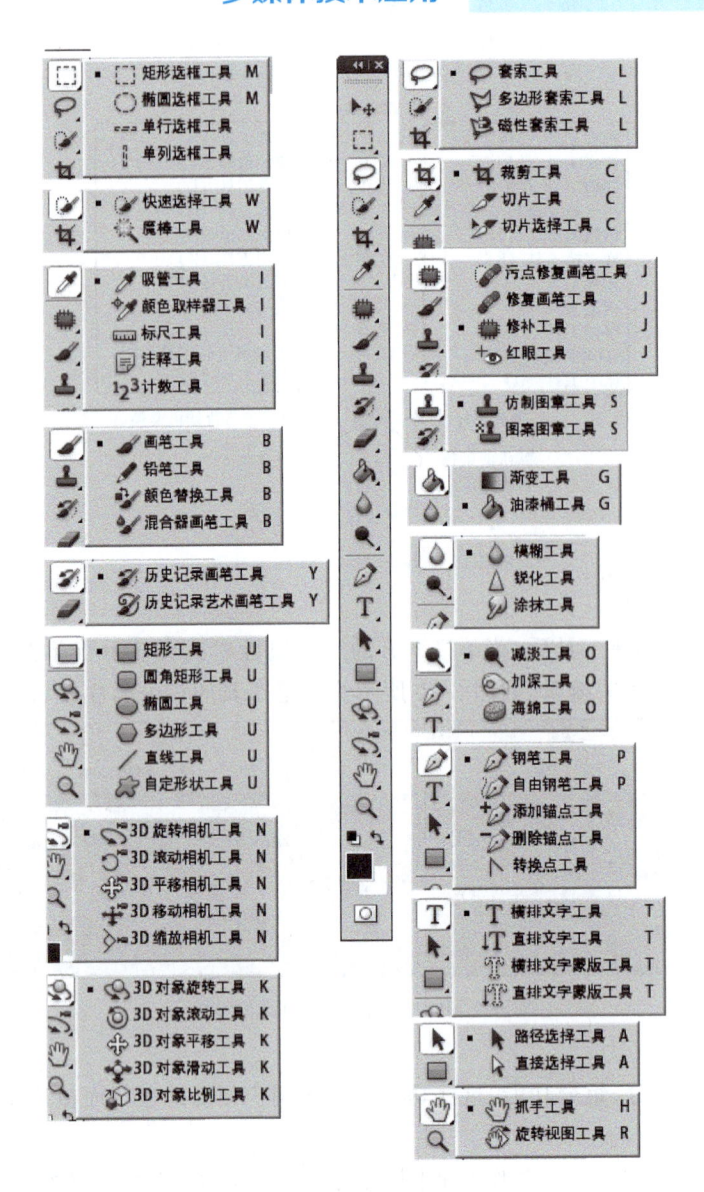

图 3-22　工具箱工具显示

9.像素和图像分辨率

位图图像的大小和质量主要取决于图像中像素点的多少,而分辨率是指每英寸图像包含的像素数目,在 Photoshop 中,有以下一些常用的图像分辨率标准:

(1)在网页上发布的图像分辨率通常设置为 72 像素/英寸。

(2)彩版印刷图和大型灯箱海报图像一般不低于 300 像素/英寸。

(3)报纸图像通常设置为 120 像素/英寸或 150 像素/英寸。

10.图像的色彩模式

在"图像"|"模式"的子菜单中可以查看 Photoshop CS5 的所有色彩模式,不同的色彩模式可以相互转换,下面主要介绍几种常用的色彩模式:

(1)RGB 模式

RGB 模式是一种加色模式,在 Photoshop CS5 中它可以提供全屏幕多达 24 位的色彩,即

微课
更改像素画布大小

通常所说的真彩色。

(2)CMYK 模式

CMYK 模式是彩色印刷时使用的一种颜色模式，CMYK 代表了印刷上的 4 种油墨色。

(3)Lab 模式

Lab 模式是一种国际标准色彩模式，可以处理 Photoshop CD 图像，要将 Lab 模式图像打印到其他彩色输出设备上，应首先将其转换为 CMYK 模式。

(4)位图模式

在位图模式下将只使用黑色或白色之一来表示图像中的像素，它通过组合不同大小的点来产生一定的灰度级阴影，只有灰度和多通道模式下的图像才能被转换成位图模式。

(5)灰度模式

灰度模式使用多达 256 级灰度，灰度图像中的每个像素都有一个 0(黑色)～255(白色)的亮度值，使用黑白或灰度扫描仪生成的图像通常以灰度模式显示。

(6)索引颜色模式

在索引颜色模式下最多只有 256 种颜色，在该模式下只能存储一个 8 位色彩深度的文件，且这些颜色都是预先定义好的。

(7)双色调模式

双色调模式即采用两种彩色油墨来创建由双色调、三色调和四色调混合色阶组成的灰度图像。该模式下最多可以向灰度图像中添加 4 种颜色。

(8)多通道模式

多通道模式包含多种灰阶通道，每个通道均由 256 级灰阶组成，该模式对有特殊打印需求的图像非常有用。

11.图像常用的文件格式

Photoshop CS5 支持 20 多种文件格式，下面将介绍一些常见的文件格式：

(1)PSD 格式和 PDD 格式

PSD 格式和 PDD 格式是 Photoshop CS5 软件自身的专用格式，是唯一能支持全部图像色彩模式的格式，可以保存图像中的图层、通道和蒙版等数据信息。

(2)TIFF 格式(＊.TIF、＊.TIFF)

TIFF 格式应用相当广泛，它支持 RGB、CMYK、Lab、位图和灰度等多种色彩模式，同时还支持 Alpha 通道和图层的使用。

(3)BMP 格式

BMP 格式是标准 Windows 图像格式，支持 RGB、索引颜色、灰度和位图模式，常用于视频输出和演示，存储时可进行无损压缩。

(4)GIF 格式

GIF 格式是在 World Wide Web 及其他联机服务上常用的一种文件格式，用于显示超文本标记语言(HTML)文档中的索引颜色图形和图像，GIF 格式文件同时支持位图和灰度模式。

(5)JPEG 格式(＊.JPEG、＊.JPG)

JPEG 格式的图像文件较小，便于打开观看，但会对数据进行压缩，不宜用于印刷。

(6)PDF 格式

PDF 格式是一种便携文档格式,可以精确地显示并保留字体、页面版式以及矢量和位图图形,并可以包含电子文档搜索和导航功能。

(7)Photoshop DCS 1.0 和 2.0 格式

DCS(桌面分色)格式是标准 EPS 格式的一个版本,可以存储 CMYK 图像的分色。使用 DCS 2.0 格式可以导出包含专色通道的图像。

(8)PNG 格式

PNG 格式用于无损压缩和显示 Web 上的图像,支持 24 位图像并产生无锯齿状边缘的背景透明度。

12. 位图图像与矢量图像的区别

计算机中的图形图像有它独特的储存格式、色彩类型,计算机中的图形图像中的位图与矢量图在像素和图像分辨率、色彩模式、图像常用的文件格式等方面存在着很大的区别。

(1)位图

位图也称像素图,当位图放大到一定倍数后,图像的显示会出现类似马赛克的像素块效果,如图 3-23 所示为使用"缩放工具"放大到 500% 后的位图图像效果。

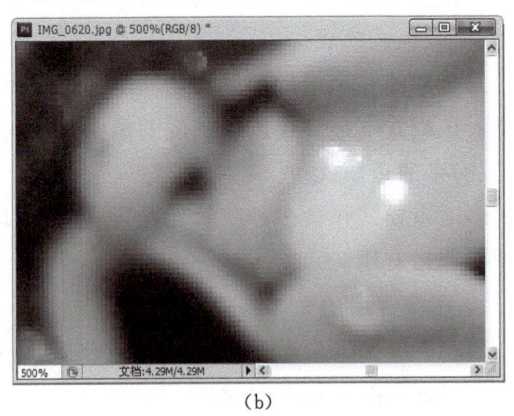

图 3-23　位图的显示模式

(2)矢量图

矢量图是以线条定位物体形状,再通过着色为图像添加颜色的,因此,矢量图画质不受放大和缩小的影响,但这种图形有色彩比较单调的缺点,如图 3-24 所示。

图 3-24　矢量图的显示模式

3.2 移花接木

案例目标

1. 掌握选区工具的抠像方法。
2. 学会图像嫁接的制作方法。

案例说明

学习运用选区工具进行抠像,将两个图像通过构思创意组合在一起,成为一张新的图像,最终制作效果如图 3-25 所示。

图 3-25　最终制作效果

3.2.1　完成过程

1. 打开需要处理的图像文件,如图 3-26 所示(素材见配套资源教学模块 3/素材/植物)。
2. 再打开一张图像文件,如图 3-27 所示(素材见配套资源教学模块 3/素材/花朵),选择工具箱中的"魔棒工具" ,单击图像白色的部分建立选区,如果不能全部选中白色背景,可以选中工具属性栏"添加到选区"按钮 ,多次选择直至白色背景全部选中。然后选择"选择"|"反选"命令,将花朵全部选中,如图 3-28 所示。

图 3-26　图像文件显示面板

图 3-27 打开需处理的图像　　　　图 3-28 选中需处理的图像

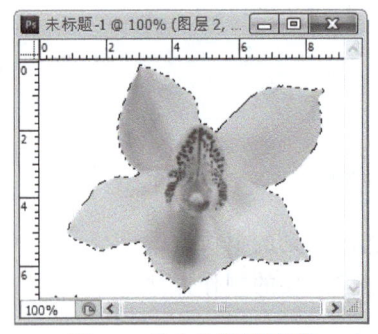

3.单击工具箱中"移动工具"，将光标放在图 3-28 的选区中，光标变成形状，拖曳选区中"花朵"图像到名为"植物"文件的窗口中松开，将花朵复制到绿叶上。接着用鼠标移动花朵至合适的位置，如图 3-29 所示。

图 3-29 对选区图像进行拖曳

4.选择"编辑"|"自由变换"命令或按 Ctrl+T 键，花朵四周出现一个变换框，按下 Shift 键，同时拖动变换框的一个角点，成比例缩放花朵的大小。再将光标移至变换框的一个角点附近，此时光标变为形状，沿顺时针或逆时针方向移动光标，变换花朵的方向，如图 3-30 所示。

图 3-30 调整选区图像大小和方向

5.用上述方法,再次复制花朵,接着变换其大小、位置、方向等。注意每朵花要有所差别,这样效果自然逼真,如图 3-25 所示(因为图层知识尚未涉及,所以在这里要复制一朵,变换调整一朵;再复制,再调整)。

3.2.2 相关知识

1.套索工具组

套索工具组包括套索工具、多边形套索工具和磁性套索工具三种,它们都可以创建不规则的选择区域,如图 3-31 所示。

图 3-31 套索工具组

(1)套索工具

套索工具是一个操作自由度比较大的选择工具,用于选择不规则形状的图像。该工具使用的方法如下:

①单击工具箱的"套索工具",将鼠标指针移到图像需要选取的区域单击鼠标左键,确定选区的起点。

②然后拖动鼠标沿着需要选取的区域边缘围绕一圈,当鼠标指针与选区的起点重合时释放鼠标即可生成选区。

(2)多边形套索工具

多边形套索工具适用于不规则选区或创建边界多为直线的选区,该工具使用的方法如下:

①首先打开一幅图像,单击工具箱中的"多边形套索工具",将鼠标指针移到图像需要选取的区域单击鼠标左键,确定选区的起点。此时在光标处显示一条表示选区位置的线条,然后沿着需要选取的区域移动鼠标。

②移动光标至相应的位置(选区外形的转折点),再次单击鼠标左键,确定多边形选区的一个顶点,然后继续移动鼠标至下一个图像转折点单击,选取完回到起点,鼠标指针将变成 ,单击鼠标左键,即可闭合选区。

③在使用多边形套索工具时,按住 Shift 键不放,可按垂直、水平或 45°方向选择边界线。

(3)磁性套索工具

磁性套索工具可以自动捕捉图像中色彩对比度较大的图像边缘,从而准确、快速地选取图像的轮廓区域。

该工具在创建选区时,它将会自动生成在选择区域边缘的固定点,也可以在需要选取图像的轮廓边缘单击鼠标左键,人为地确定固定点,以便准确选取图像。

单击工具箱中的"磁性套索工具",打开如图 3-32 所示工具属性栏,各选项功能介绍如下:

图 3-32 "磁性套索工具"属性栏

①宽度

宽度用于设置光标选取图像时检测到边缘的宽度,取值范围为 0~40 像素。该数值越小,取值范围越精确。

②对比度

对比度用于设置磁性套索工具对颜色反差的敏感度,取值范围为 1%~100%。该数值越大,选取边界范围越精确。

③频率

频率用于设置在选取时节点的数目,节点起到了定位选择的作用,取值范围为1～100。该数值越大,选取对象时产生的节点越多。

该工具使用的方法如下:

①单击工具箱中的"磁性套索工具",在图像中单击鼠标左键,建立选区起点。

②释放左键并沿着选取对象的边缘移动光标,直至到达起点位置,光标变为 ⌘,表明选区起点与终点重合,单击鼠标即可创建选区。

2. 魔棒工具

用"魔棒工具"单击图像中不同颜色的区域,所选取的区域也不相同。用户可以根据需要,反复进行选取,直至符合要求为止。

3. "色彩范围"命令

"色彩范围"命令比魔棒工具功能更为强大,它可以选取一种或几种颜色的区域作为选区。

选择"选择"|"色彩范围"命令,将弹出如图3-33所示对话框,各选项功能介绍如下:

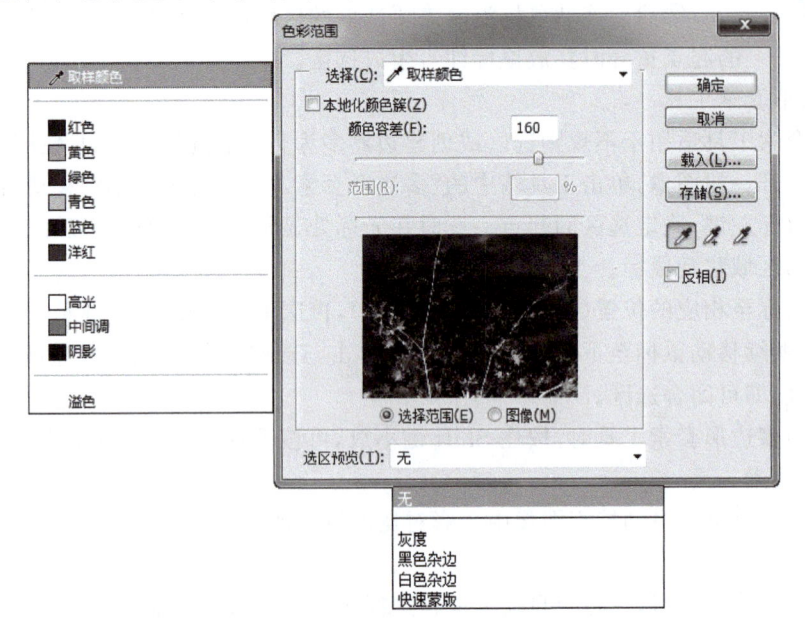

图 3-33 "色彩范围"对话框

①选择

在其下拉列表中选择不同的选项,可以选择不同的色彩范围。例如,要选择图像为红色的区域,可以在下拉列表中选择"红色"。其中"取样颜色"表示可以用吸管工具在图像中吸取颜色样本,取样后通过设置"颜色容差"的大小来控制颜色的范围,该数值越大,选取颜色范围越大。

②选择范围

选中该选项后,可以在预览窗口内以灰度显示选取后的预览图像。其中白色区域表示选区,黑色区域表示非选区,灰色区域表示选区为半透明。

③图像

选中该选项,在预览窗口将以原图像方式显示图像状态。

④选区预览

在其下拉列表中可选择图像窗口中选区预览方式。其中"无"表示不显示选区的预览图像。"灰度"表示在图像窗口中以灰色调显示非选区。"黑色杂边"表示在图像窗口中以黑色显示非选区。"白色杂边"表示在图像窗口中以白色显示非选区。"快速蒙版"表示在图像窗口中以蒙版颜色显示非选区。

⑤反相

反相可以用于选区与非选区之间的转换。

⑥"取样颜色"工具

在预览窗口中单击"取样颜色"工具，将鼠标移至图像窗口单击即可选取该颜色作为选区。和 工具分别用来增加和减少选取颜色的范围。

3.3 水晶按钮

案例目标

1. 认识图层的概念。
2. 掌握图层的基本操作。
3. 学会图层面板的应用。
4. 掌握图层样式的设置方法。

案例说明

本案例主要通过使用图层样式制作精美的水晶按钮效果，效果如图 3-34 所示。

图 3-34　水晶按钮效果

3.3.1　完成过程

1. 新建文件，大小为 400 像素×400 像素。
2. 使用"椭圆工具"，在工具属性栏中选择"形状图层"选项，绘制得到一个圆形的形状图层，名称为"形状 1"。
3. 单击"图层"面板上"添加图层样式"按钮，如图 3-35 所示。

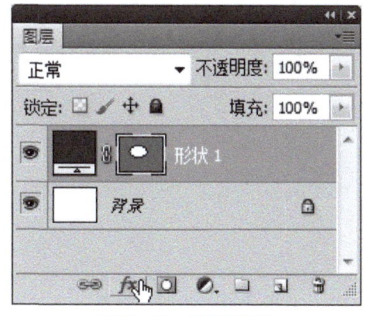

图 3-35　图层样式

4.选择"投影",设置如图 3-36 所示,颜色为 RGB(7,29,83)。

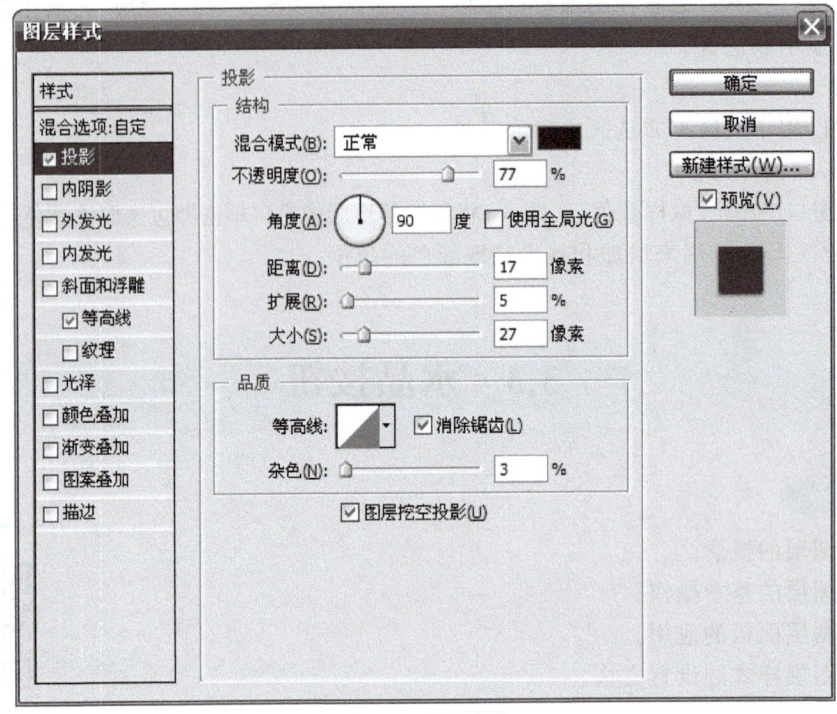

图 3-36　投影效果

5.选择"内阴影",设置如图 3-37 所示,颜色为 RGB(130,228,255)。内阴影等高线设置如图 3-38 所示。

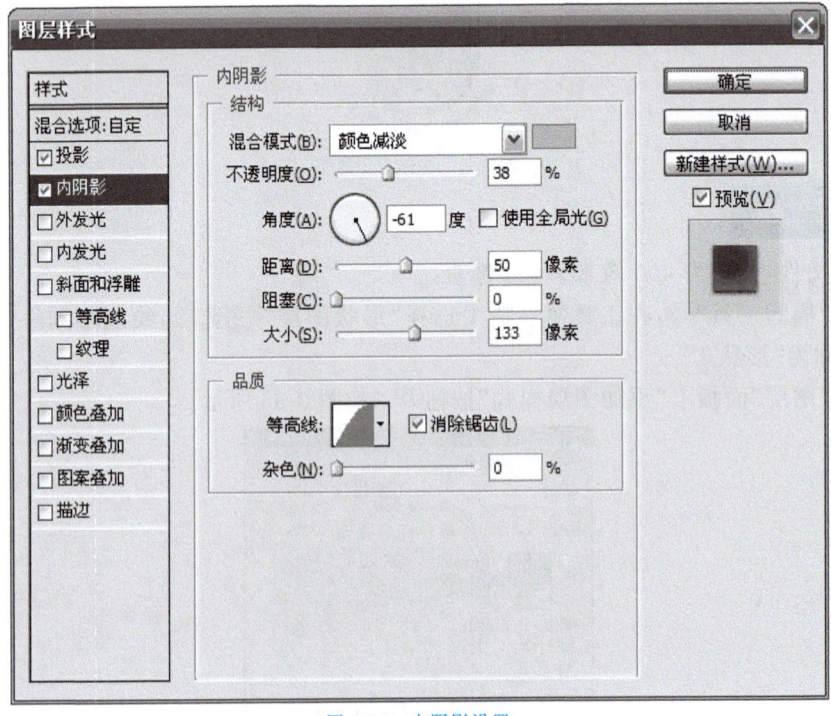

图 3-37　内阴影设置

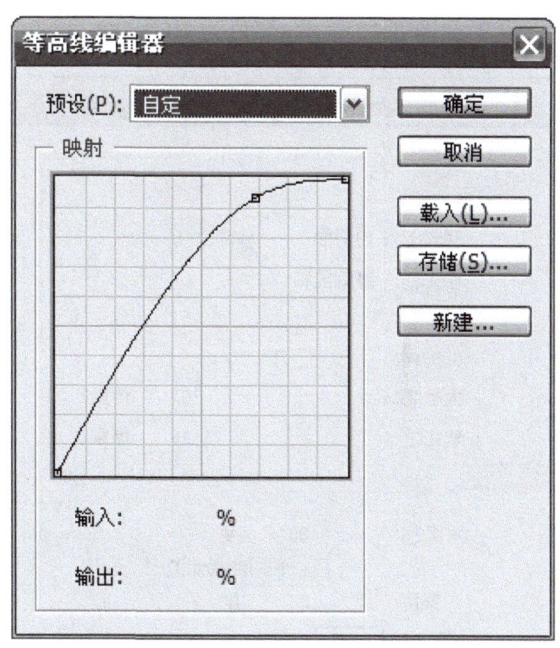

图 3-38　内阴影等高线设置

6.选择"内发光",设置如图 3-39 所示,颜色为 RGB(0,45,98)。

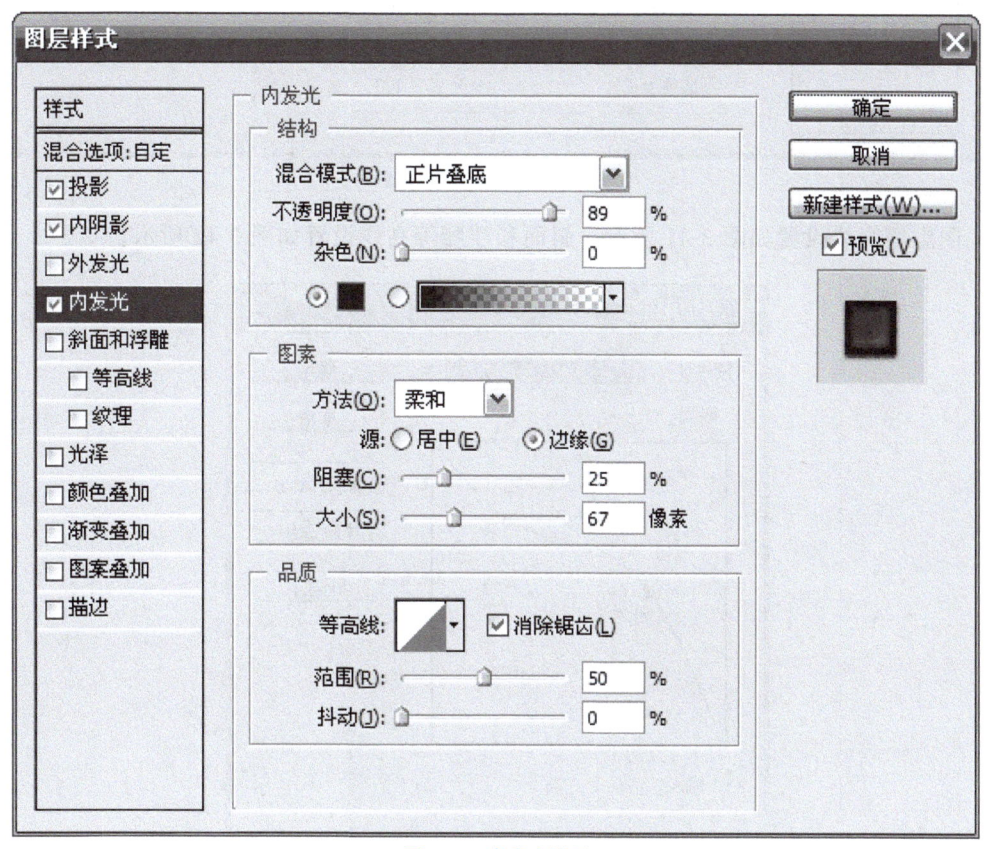

图 3-39　内发光设置

7.选择"斜面和浮雕",设置如图3-40所示,颜色为RGB(25,45,75)。

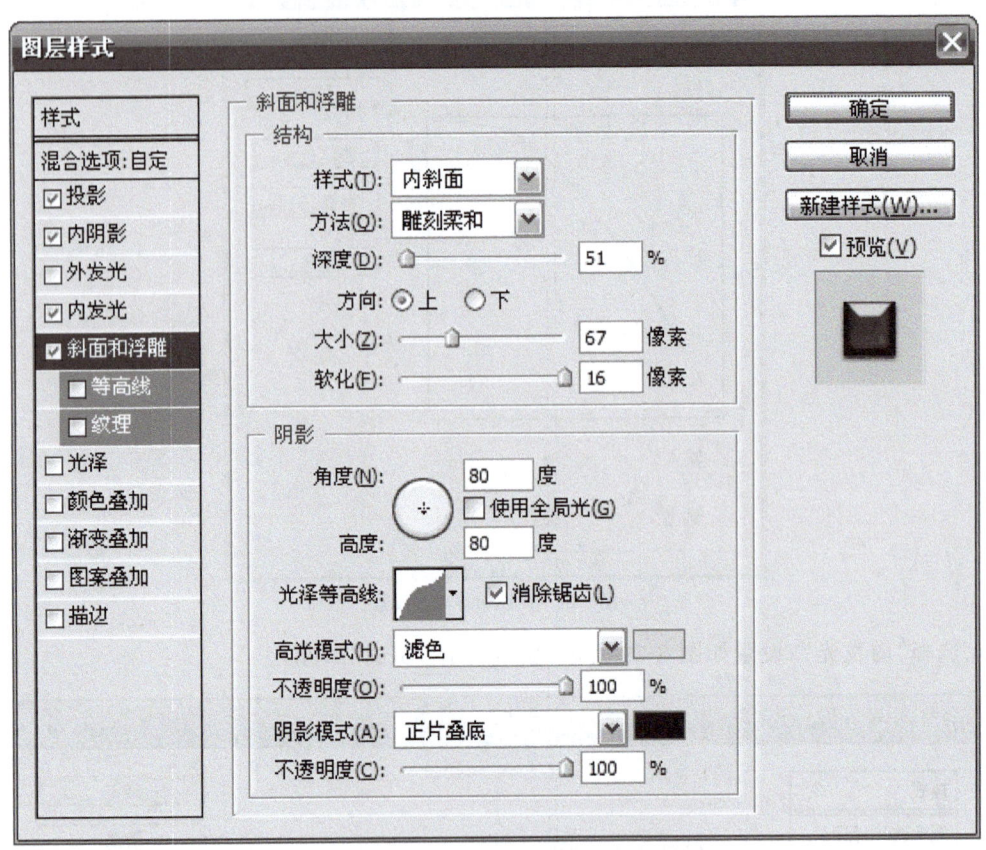

图 3-40　斜面和浮雕设置

8.阴影等高线设置如图3-41所示。斜面和浮雕等高线设置如图3-42所示。

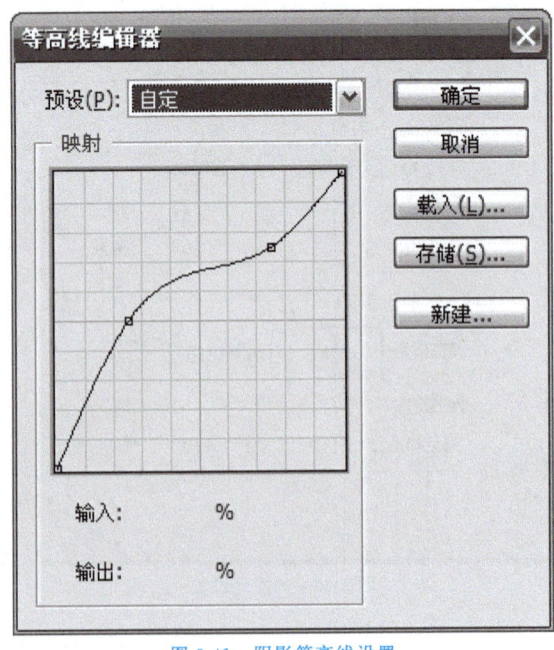

图 3-41　阴影等高线设置

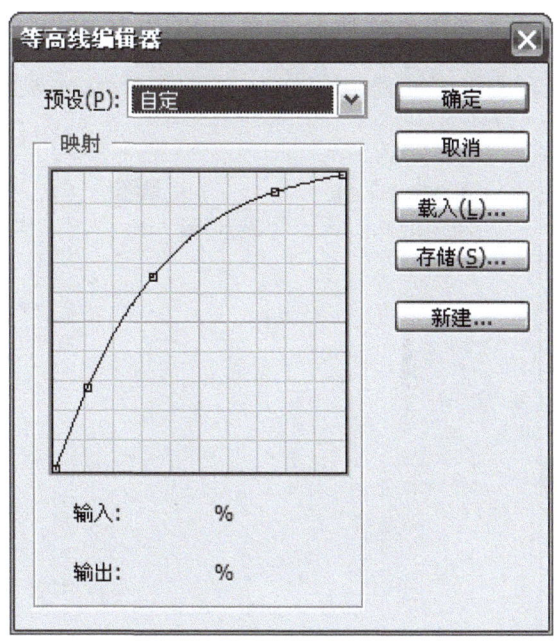

图 3-42 斜面和浮雕等高线设置

9.选择"光泽",设置如图 3-43 所示,颜色为 RGB(185,230,255)。

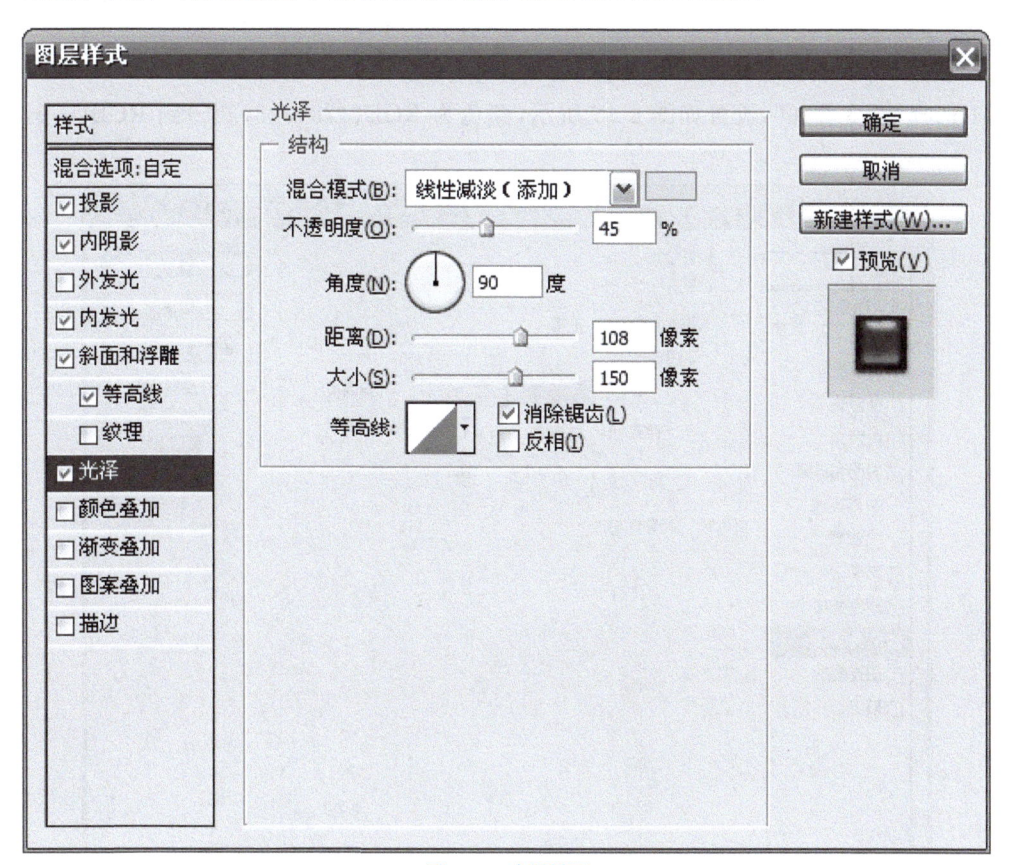

图 3-43 光泽设置

10.选择"颜色叠加",设置如图 3-44 所示,颜色为 RGB(34,105,195)。

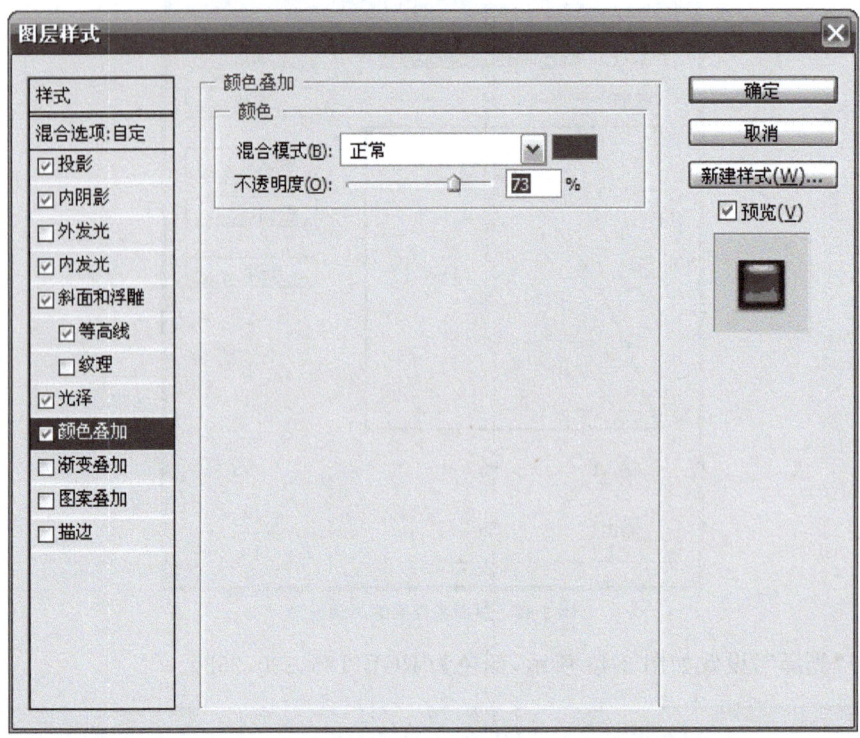

图 3-44　颜色叠加设置

11.选择"渐变叠加",设置如图 3-45 所示,颜色为 RGB(128,223,255)到 RGB(0,6,103)渐变。

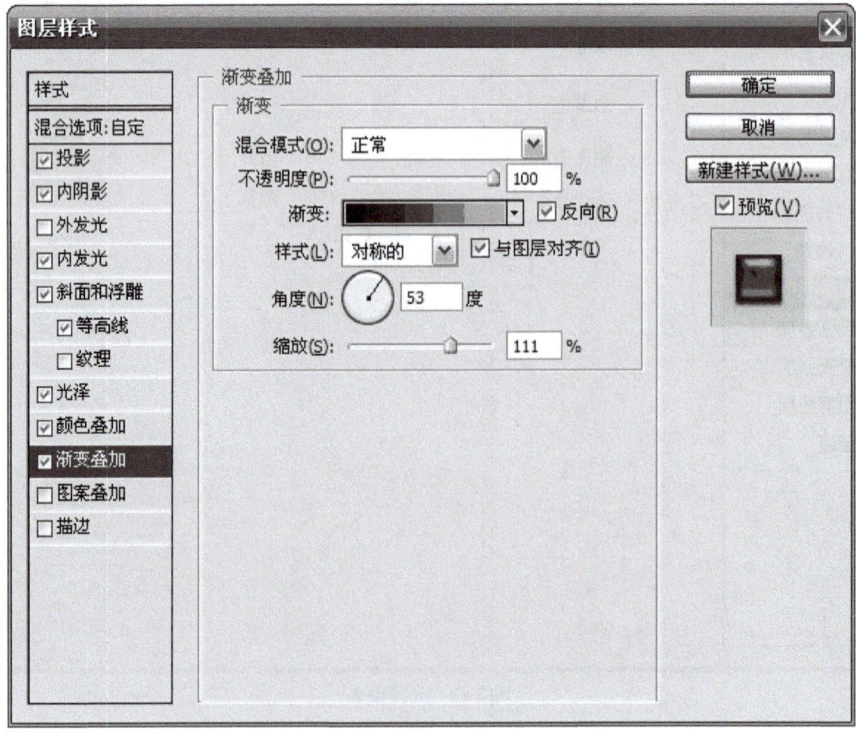

图 3-45　渐变叠加设置

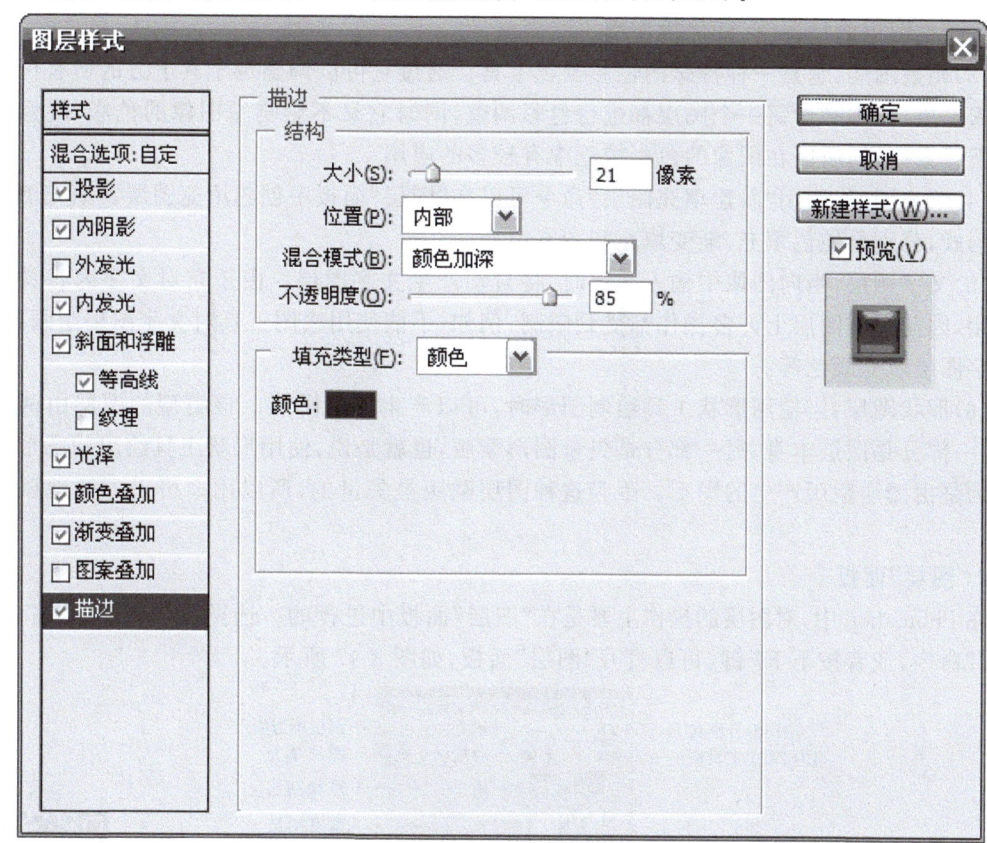

12.选择"描边",设置如图 3-46 所示,颜色为 RGB(49,69,197)。

图 3-46 描边设置

13.单击"确定"按钮,完成水晶按钮的制作。

3.3.2 相关知识

本案例包含对图层的基本操作并应用了丰富的图层样式。

在 Photoshop 中,一幅作品往往是由多个图层组成的,一个文件中的所有图层都具有相同的分辨率、颜色模式以及通道数。每个图层中用于放置不同的图像,并通过这些图层的叠加来形成所需的图像效果,用户可以独立地对每一个图层中的图像进行编辑或添加图像样式等效果,而对其他图层没有任何影响。当删除一个图层中的图像时,该区域将显示出下层图像。因此,图层为我们修改、编辑图像提供了极大的灵活性与方便性,可以任意修改一个图层中的图像,而不必顾虑其他图层。

图层是用于绘制图像的透明画布,就好像是一张张透明的胶片,把图像的不同部分绘制于不同的图层中,叠放在一起便形成了一幅完整的图像。

1.图层的分类

在 Photoshop 中,可以将图层分为 6 种类型,分别是背景图层、普通图层、调整图层、填充图层以及文字图层和形状图层。

(1)背景图层:该图层始终位于图像的最下层,一个图像文件中只能有一个背景图层,建立新文件时将自动产生背景图层。在背景图层中许多操作都受到限制,不能移动背景图层,不能改变其不透明度,不能使用图层样式,不能调整其排列次序等。

（2）普通图层：是指用于绘制、编辑图像的一般图层。在普通图层中可以随意地编辑图像，在没有锁定图层的情况下，任何操作都不受限制。

（3）调整图层：它是一种特殊的色彩校正工具。通过它可以调整位于其下方的所有可见层的像素颜色，而不必对每一个图层都进行色彩调整，同时它又不影响原图像的色彩，就像戴上墨镜看风景一样，所以在图像的色彩校正中有较多的应用。

（4）填充图层：使用"新建填充图层"命令可以在"图层"面板中创建填充图层。填充图层有三种形式，分别是纯色填充、渐变填充和图案填充。

（5）文字图层：当向图像中输入文字时，将自动产生文字图层。由于它对文字内容具有保护作用，因此在该图层上许多操作都受到限制，例如，不能使用绘图工具对文字图层绘画，不能对文字图层填充颜色等。

（6）形状图层：当使用形状工具绘制图形时，可以产生形状图层。该类型的图层由两部分构成，一部分是图层本身，另一部分是矢量图形蒙版，也就是说，使用形状工具绘出的图形可以理解为是由图层蒙版产生的图形。因为这种图层蒙版是矢量的，所以用户可以方便地调整其外形。

2."图层"面板

在 Photoshop 中，对图层的操作主要是在"图层"面板中进行的。选择菜单栏中的"窗口"→"图层"命令，或者按下 F7 键，可以打开"图层"面板，如图 3-47 所示。

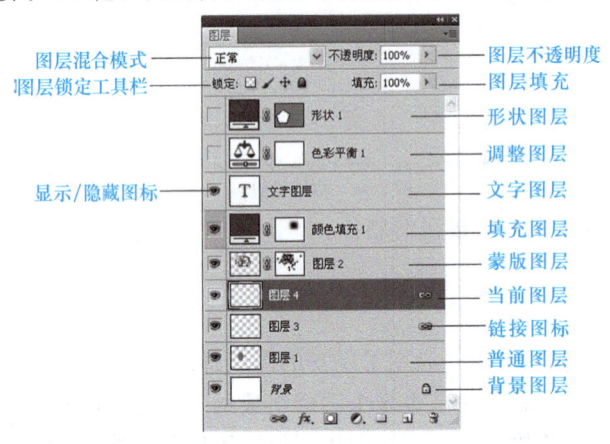

图 3-47 "图层"面板

Photoshop 允许用"图层"面板管理图层。例如创建、隐藏、显示、复制、删除图层，更改图层顺序等，还可以使用调整图层、填充图层和图层样式创建各种效果。一幅图像无论由多少图层构成，用户只能同时编辑一个图层，这个图层称为当前图层，在"图层"面板中，当前图层呈蓝色显示。如果当前图层中有选区，那么所有操作都只针对该层选区内的图像，非选区不受影响。"图层"面板中各选项的作用介绍如下：

（1）图层混合模式 正常 ：用于设置当前图层与它下一层图层叠合在一起的混合效果，共有 23 种模式。

（2）图层不透明度 不透明度：用于设置当前图层的不透明度。

通过改变"不透明度"的值可以控制当前图层的不透明程度，不仅是图像内容，用到该图层上的图层样式、合成模式也都受到影响。

（3）图层填充 填充：用于设置当前图层内容的填充不透明度。改变"填充"选项的值，可以控制当前图层填充内容的不透明度,该选项不影响图层样式、合成模式等。

(4)图层锁定工具栏 锁定: □ ∥ ✢ ▣ :共有4个工具图标,单击不同的按钮可以锁定相关的内容,不允许用户进行编辑。

各图标的作用如下:

①锁定透明像素工具 □ :单击 □ 按钮,使之呈凹陷状态,则图层中的透明区域受到保护,不允许被编辑。

②锁定图像像素工具 ∥ :单击 ∥ 按钮,使之呈凹陷状态,则图层中的图像内容都受到保护,不允许被编辑。

③锁定位置工具 ✢ :单击 ✢ 按钮,使之呈凹陷状态,则图层的位置被锁定,不允许被移动。

④全部锁定工具 ▣ :单击 ▣ 按钮,使之呈凹陷状态,将全部锁定图层,即锁定透明像素、图像像素、位置。

(5)显示/隐藏图标 ● :用于显示或隐藏图层。

(6)"添加图层样式"按钮 fx :用于为当前图层添加图层样式效果,单击该按钮,将弹出下拉菜单,从中可以选择相应的命令为图层增加特殊效果。

(7)"添加图层蒙版"按钮 ▢ :单击该按钮,可以为当前图层添加图层蒙版。

(8)"创建填充或调整图层"按钮 ◐ :用于创建填充或调整图层,单击该按钮,在弹出的下拉菜单中可以选择所需的调整命令。

(9)"创建新组"按钮 ▭ :单击该按钮,可以创建新的图层组,它可以包含多个图层,并可将这些图层作为一个对象进行查看、复制、移动、调整顺序等操作。

(10)"创建新图层"按钮 ▫ :单击该按钮,可以创建一个新的空白图层。

(11)"删除图层"按钮 🗑 :单击该按钮,可以删除当前图层。

(12)"图层面板菜单"按钮 ▼ :单击该按钮,将弹出一个下拉菜单,主要用于新建、删除、链接以及合并图层。

3.编辑图层

在Photoshop中,用户可以对图层进行多种编辑操作,如复制、删除、对齐与分布、调整图层等,从而创作出丰富多彩的图像效果。图层的编辑主要是通过"图层"面板和"图层"菜单完成的。

(1)复制图层

复制图层可以产生一个与原图层完全一样的图层副本。复制图层可以在同一图像内进行,也可以在不同图像窗口之间进行。

复制图层的方法如下:

①同一图像窗口的复制图层

将光标指向要复制的图层后按住鼠标左键向下拖动至 ▫ 按钮上,这时可以复制一个图层副本。

②不同图像窗口的复制图层

方法1:如果需要在不同的图像窗口之间复制图层,则可以在"图层"面板中单击需要复制的图层的预览图,直接拖曳至另一个图像窗口中即可。

方法2:使用"移动工具"将需要复制的图层从一个图像窗口直接拖曳到另一个图像窗口,可以在两个图像窗口之间复制图层。

方法3：选择菜单栏中的"图层"|"复制图层"命令，则弹出"复制图层"对话框，通过该对话框可以复制当前图层，并且可以将当前图层复制到同一图像窗口中，也可以将其复制到其他已经打开的图像窗口中，还可以复制为一个单独的新文件。

（2）删除图层

对不需要的图层可以进行删除。

在"图层"面板中选择图层，要经过确认再删除图层，单击"删除图层"按钮，或者从"图层"菜单或"图层"面板菜单中选择"删除图层"命令。如果需要直接删除（不需要先经过确认）图层，将图层拖曳到"删除图层"按钮即可。

4. 图层样式

图层样式是应用于一个图层或图层组的一种或多种效果。可以应用 Photoshop 自身提供的某一种预设样式，或者使用"图层样式"对话框来创建自定样式。应用图层样式后，"添加图层样式"图标 fx 将出现在"图层"面板中图层名称的右侧。可以在"图层"面板中展开样式，以便查看或编辑合成样式的效果。通过设置图层样式，可以制作出各种丰富的图层效果。下面我们进一步学习图层样式的详细设置和应用。

（1）关于图层样式

图层样式就是为图层额外添加的各种丰富的效果，用来制作不同的特效，当对这些效果不满意的时候，还可以很方便地修改和删除。Photoshop 自带的图层样式按功能划分在不同的库中，可以从"样式"面板中应用预设样式。

（2）显示样式

选择"窗口"|"样式"命令，打开"样式"面板，如图 3-48 所示。通过选择"样式"菜单中的命令，可以对"样式"面板的显示、样式的类型进行设置。

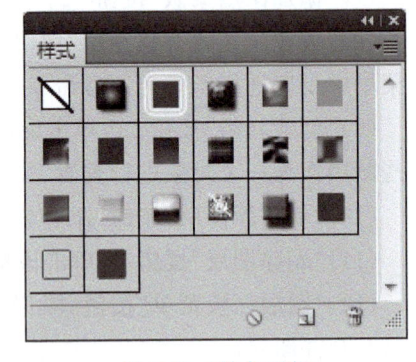

图 3-48 "样式"面板

（3）对图层应用预设样式

Photoshop CS5 预设了很多图层样式，可通过"样式"面板查看，使用鼠标在默认的样式缩略图上单击，即可应用样式。

（4）自定义样式

系统预设的样式很有限，在实际的作图过程中，往往需要根据实际需求，自己来创建图层样式。可以创建自定义样式并将其存储为预设，然后通过"样式"面板使用此预设。还可以在库中存储预设样式，并在需要这些样式时通过"样式"面板载入或移出。自定义样式的操作如下：

方法1：在"图层"面板中，选择包含要存储为预设样式的图层。单击"样式"面板的空白区域或按住 Alt 键并单击下方的"新建样式"按钮。

方法2：在"图层"面板中，选择包含要存储为预设样式的图层。选取"图层"|"图层样式"→"混合选项"或单击"图层"面板下方的"添加图层样式"按钮 fx，选择"混合选项"，在打开的"图层样式"对话框中，单击"新建样式"按钮。

（5）复制和粘贴图层样式

复制和粘贴图层样式是对多个图层应用相同效果的便捷方法。

方法1：在"图层"面板中，选择包含要复制样式的图层，选择"图层"|"图层样式"|"复制图

层样式"命令。

从面板中选择目标图层,然后选择"图层"|"图层样式"|"粘贴图层样式"命令。粘贴的图层样式将替换目标图层上现有的图层样式。

方法 2:在"图层"面板中,按住 Alt 键并将单个图层样式从一个图层拖动到另一个图层以复制图层样式。或将"效果"栏从一个图层拖动到另一个图层也可以复制图层样式。

(6)不适用图层样式的情况

不能将图层样式应用于背景图层、锁定的图层或组上。

(7)清除图层样式

当新建的图层样式不需要的时候,可以将图层样式删除,而不会影响到当前图像。

方法 1:在"图层"面板中,右击要删除样式的图层,在弹出的快捷菜单中选择"清除图层样式"。

方法 2:在"图层"面板中,将需要删除的某个效果选中,拖到"删除图层"按钮上,可以删除选定的单个效果,如果将"图层样式"图标 fx 选择并拖动到"删除图层"按钮上,则可以将所有图层样式清除。

(8)常用图层样式

①投影:为图层上的对象、文本或形状外侧添加阴影效果。投影参数由"混合模式"、"不透明度"、"角度"、"距离"、"扩展"和"大小"等选项组成,通过对这些选项的设置可以得到需要的效果。

②内阴影:在图层对象、文本或形状的内边缘添加阴影,让图层产生一种凹陷外观,内阴影效果对文本对象效果更佳。

③外发光:在图层对象、文本或形状的边缘向外添加发光效果。设置参数可以让对象、文本或形状更精美。

④内发光:在图层对象、文本或形状的边缘向内添加发光效果。

⑤斜面和浮雕:"样式"下拉列表将为图层添加高亮显示和阴影的各种组合效果。

"斜面和浮雕"样式参数含义如下:

- 外斜面:沿对象、文本或形状的外边缘创建三维斜面。
- 内斜面:沿对象、文本或形状的内边缘创建三维斜面。
- 浮雕效果:创建外斜面和内斜面的组合效果。
- 枕状浮雕:创建内斜面的反相效果,使对象、文本或形状看起来下沉。
- 描边浮雕:只适用于描边对象,只有在应用描边浮雕效果时才打开描边效果。

⑥光泽:对图层对象内部应用阴影,与对象的形状互相作用,通常用于创建规则波浪形状,产生光滑的磨光及金属效果。

⑦颜色叠加:在图层对象上叠加一种颜色,即用一层纯色填充到应用样式的对象上。"设置叠加颜色"选项可以通过"选取叠加颜色"对话框选择任意颜色。

⑧渐变叠加:在图层对象上叠加一种渐变颜色,即用一层渐变颜色填充到应用样式的对象上。通过"渐变编辑器"还可以选择使用其他的渐变颜色。

⑨图案叠加:在图层对象上叠加图案,即用一致的重复图案填充对象。通过"图案拾色器"还可以选择其他的图案。

⑩描边:使用颜色、渐变颜色或图案描绘当前图层上的对象、文本或形状的轮廓,对于边缘清晰的形状(如文本),这种效果更明显。

多媒体技术应用

3.4 运动会招贴画

案例目标

1. 掌握图层的排列顺序。
2. 掌握图层图像的复制和粘贴操作。
3. 熟悉文字图层的使用。
4. 掌握素材图像的应用。

案例说明

本案例主要通过对素材图像进行处理来制作"运动会招贴画",效果图如图 3-49 所示。

图 3-49 运动会招贴画

微课
运动会招贴画

3.4.1 完成过程

1. 新建文件,大小为 508 毫米×762 毫米,分辨率为 300 像素/英寸,选择"文件"|"存储"命令,保存文件为"招贴设计.psd"。

2. 选择"文件"|"打开"命令打开素材文档中的图像文档"运动背景.jpg"(配套资源教学模块 3/素材/运动背景.jpg)。执行"选择"|"全部"命令选择该图像,选择"编辑"|"拷贝"命令。

3. 将 Photoshop 窗口切换回"招贴设计"文件窗口,选择"编辑"|"粘贴"命令,得到图层 1,改名为"运动背景",用"移动工具"将该图像移动到与"招贴设计"文件顶对齐,作为背景图像使用。如图 3-50 所示。

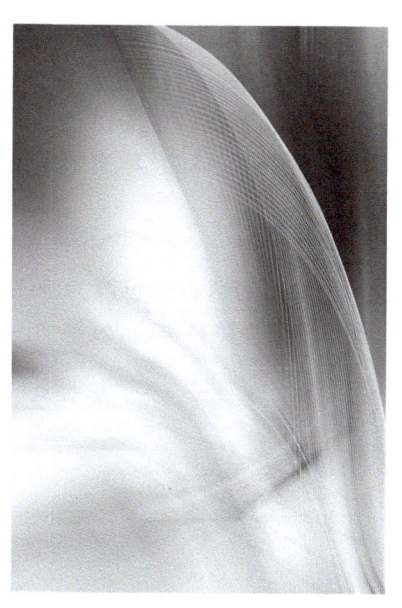

图 3-50　背景图像

4.新建图层 2,在图像底部用"矩形选框工具"制作如图 3-51 所示的矩形条。下方的颜色为 RGB(8,86,168),上方颜色为 RGB(73,171,234)。

5.选择"横排文字工具",在上方的矩形条位置输入文字"计算机学院学生会 2020.9",字体为"华文行楷","字号"为 30 点,颜色为黑色。做一个与图像等宽的选区,选择"图层"|"将图层与选区对齐"|"水平居中"命令,将文字移动到水平居中位置,然后取消选区。效果如图 3-52 所示。

图 3-51　制作矩形条　　　　　　　　　　图 3-52　输入文字

6.选择"横排文字工具",输入文字"计算机学院秋季运动会",字体为"华文行楷","字号"为 103 点,平滑,黑色。在选项栏里单击"文字变形"按钮,其中"样式"选择扇形、水平,弯曲为+50,水平扭曲和垂直扭曲均为 0。使用步骤 5 中的方法将文字移动到图像水平居中位置,位于上方。

7.给文字图层"计算机学院秋季运动会"添加样式。单击"图层"面板下方的 fx 按钮,选择"外发光","混合模式"为"滤色","不透明度"为 75%,"杂色"为 0%,颜色为 RGB(255,255,190),"扩展"为 20%,"大小"为 226 像素。效果如图 3-53 所示。

8.选择"文件"|"打开"命令,打开素材中的图像文档"火炬.jpg"(配套资源教学模块 3/素材/火炬.jpg)。用选区工具选择火炬,不要白色背景。将"火炬"粘贴到"招贴设计"文件中,将得到的图层改名为"火炬"。并用 Ctrl+T 键将图像变形,调整位置和角度,效果如图 3-54 所示。

图 3-53　添加标题样式　　　　　　　　　图 3-54　添加"火炬"

9.选择"横排文字工具"输入文字"计算机学院将于 2020 年 9 月 28—30 日召开秋季运动会,本次运动会得到了学院团委和相关部门的大力支持。旨在展现全校师生良好的精神风貌,增强同学们的集体凝聚力,融洽师生感情,提高师生的田径运动技术水平,使学生得到全面发展。热烈欢迎各位老师和同学踊跃报名!"字体为"华文中宋","字号"为 60 点,颜色为黑色。移动到画面的中间位置。

10.选择"路径"面板,新建路径 1。选择"直线工具"作四条线段,选择"画笔工具",画笔形状为圆形,"硬度"为 100%,"大小"为 60 像素,前景色改为 RGB(7,65,146)。新建图层改名为"跑道",选择"路径"面板下方的 ○ 按钮为路径描边,效果如图 3-55 所示。

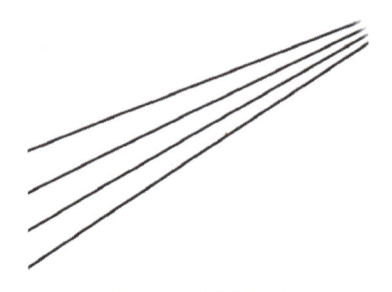

图 3-55 制作"跑道"

11.将得到的"跑道"移动到"招贴设计"文件的下方,在"图层"面板中调整"跑道"图层的填充不透明度为 22%。此时得到的效果如图 3-56 所示。

12.选择"文件"|"打开"命令,打开素材文档中的图像文档"运动素材 2.jpg"(配套资源教学模块 3/素材/运动素材 2.jpg)。按照步骤 8 中的方法将人物图像粘贴到"招贴设计"文件中,将得到的图层改名为"人形",并将其移动到"跑道"上。为该图层添加图层样式,单击"图层"面板下方的 fx. 按钮,选择"外发光","混合模式"为"滤色","不透明度"为 75%,"杂色"为 0%,颜色为 RGB(255,255,190),"扩展"为 13%,"大小"为 141 像素。将"人形"图层拖曳到"图层"面板的 按钮上两次,分别得到"人形 副本"和"人形 副本 2"两个图层,调整两个图层中的图像,分别位于不同的"跑道"上。效果如图 3-57 所示。

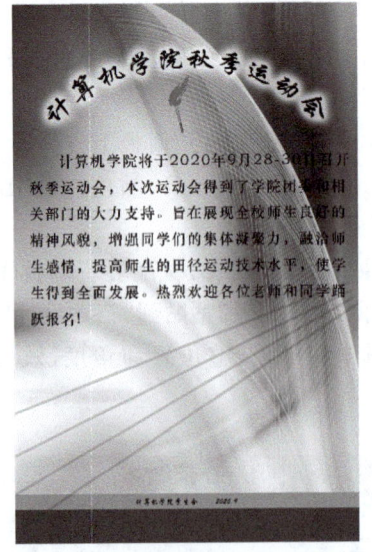

图 3-56 加入跑道图像的"招贴设计"效果 　　图 3-57 加入人形图像的"招贴设计"效果

13.选择"文件"|"打开"命令,打开素材文档中的图像文档"运动素材.jpg"(配套资源教学模块3/素材/运动素材.jpg)。按照步骤8中的方法将运动员图像粘贴到"招贴设计"文件中,将得到的图层改名为"跨栏"。选择菜单"编辑"|"变换"|"水平翻转"命令。将"运动员素材"移动到文件右下角位置。效果如图3-58所示。

14.在"图层"面板中为"跨栏"图层设置效果。为该层添加图层样式,单击"图层"面板下方的 fx 按钮,选择"外发光","混合模式"为"滤色","不透明度"为75%,"杂色"为0%,颜色为RGB(255,255,255),"扩展"为20%,"大小"为226像素。效果如图3-59所示。

15.选择"横排文字工具",输入文字"预祝大家取得优异的成绩!"字体为"华文中宋","字号"为100点,颜色为红色。选择"图层"|"栅格化"|"文字"命令,将该文字图层像素化。按Ctrl键单击该层缩略图,得到文字内容选区,然后按Ctrl+T键自由变换图像,调整图像适应跑道效果,在"图层"面板中为该层设置填充不透明度为35%。

16.最终效果见图3-49。

17.本案例最终图层内容如图3-60所示。

图3-58 加入运动员图像的"招贴设计"效果　　图3-59 设置"跨栏"图层　　图3-60 最终图层内容

18.可以将"人形"和其副本层合并起来,也可以将文字层栅格化后整理在一起。但要注意图层的排列顺序,不能影响最后的效果。

19.选择"文件"|"存储"命令,保存文件。

3.4.2 相关知识

本案例是多个图像合成和处理的结果,在"图层"面板中的顺序至关重要。

1.排序图层

在"图层"面板中,所有的图层都是按一定顺序进行排列的,位于列表上方的图层中的图像将覆盖下面图层中的图像,因此,图层的排列顺序决定了图像的最终显示效果。当在同一个位置上存在多个图层内容时,不同的排列顺序将产生不同的视觉效果。用户可以根据需要调整图层的顺序,但是背景图层永远在最下面,无法改变它的图层顺序。调整图层的顺序也可以用多种方式完成。

移动图层顺序的方法是：

方法1：

在"图层"面板中单击需要移动的图层,按住鼠标左键不放,将其拖动到需要调整到的下一个图层上,当出现一条双线时释放鼠标,即可将图层移动到需要的位置。

方法2：

在"图层"面板中单击需要移动的图层,再单击"图层"|"排列"菜单,则在弹出的菜单命令中单击选中即可。

2. 栅格化图层

我们建立的文字图层、形状图层、矢量蒙版和填充图层之类的图层,是不能在它们上再使用绘画工具或滤镜进行处理的。如果需要在这些图层上再继续操作就需要使用栅格化图层功能了,它可以将这些图层的内容转换为平面的光栅图像。

栅格化的方法是选择需要做栅格化的图层,选择"图层"|"栅格化"菜单,在弹出的菜单中单击选中即可。

3.5 数码相片的颜色校正

案例目标

1. 认识曲线工具。
2. 掌握曲线工具基本使用方法。
3. 了解"黑场""白场"的概念。

微课

数码照片的颜色校正

案例说明

本案例主要通过使用曲线工具校正数码照片的颜色,如图3-61和图3-62所示。

图3-61　原图(1)　　　　图3-62　数码照片颜色校正后

3.5.1 完成过程

1.打开需要调整的数码照片"风景"（配套资源教学模块 3/素材/风景.jpg），选择"图像"|"调整"|"曲线"命令。设置"曲线"对话框中的一些参数，先为暗调区域设置目标颜色，双击"黑场"吸管，如图 3-63 所示，弹出的拾色器会提示选择目标暗调颜色。

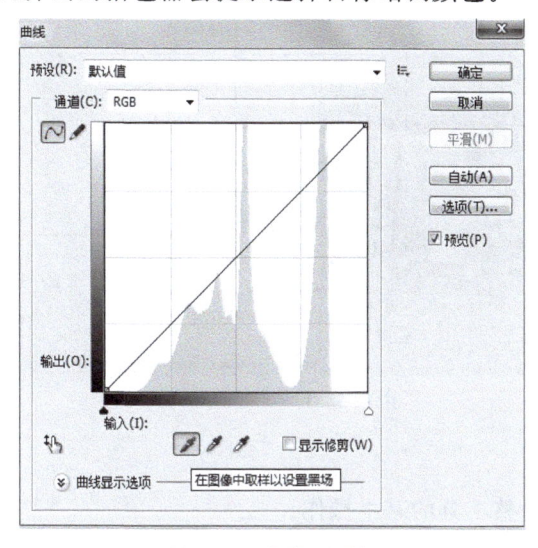

图 3-63 "曲线"对话框

2.在对话框的 RGB 中输入类似（20,20,20）这些均匀的数字，帮助保证暗调区不会有太多颜色。

3.设置参数，使高光区域变为中性。在"曲线"对话框双击"白场"吸管。拾色器要求选择目标高光颜色，设置为 RGB（240,240,240）。

4.设置中间调参数。双击"灰场"吸管，选择目标中间调颜色。输入 RGB（128,128,128）。

5.做好调整之后，单击"曲线"对话框中的"确定"按钮，在弹出的确认对话框中单击"是"按钮。这样在校正图片时就不必每次都输入这些值了。

6.选择"图像"|"调整"|"曲线"命令。在"曲线"对话框中选择"黑场"吸管，在图片中最暗的区域单击一次，这样暗调区域颜色会被校正。效果如图 3-64 所示。

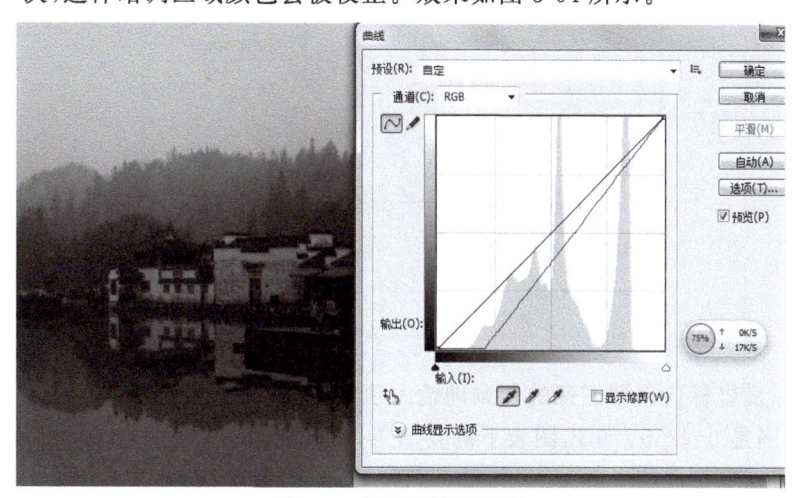

图 3-64 黑场曲线调整效果

7.选择"图像"|"调整"|"曲线"命令。在"曲线"对话框中选择"白场"吸管,在图片中最白的区域单击一次,这样亮调区域颜色会被校正,如图3-65所示。效果见图3-62。

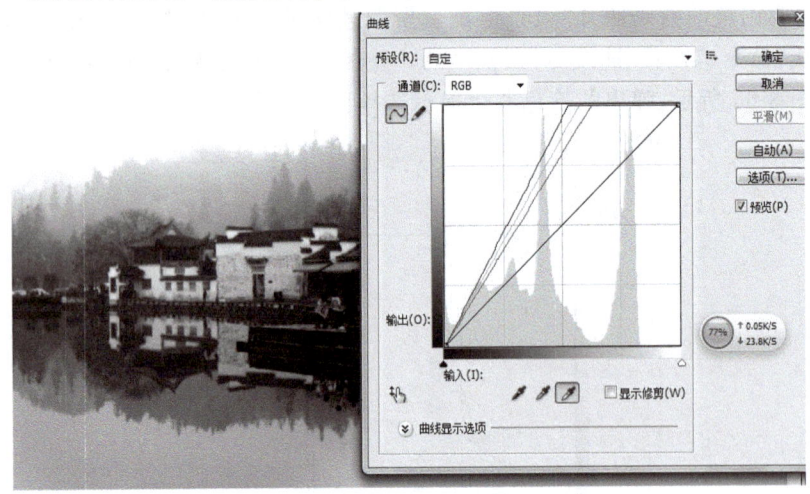

图3-65　白场曲线调整效果

3.5.2　相关知识

本案例包含对曲线调整工具的基本操作。

在Photoshop中曲线是非常重要的图像调整工具。曲线不是滤镜,它是在忠于原图的基础上对图像做一些调整,不像滤镜可以创造出无中生有的效果。曲线并不难理解,只要掌握一些基本知识就可以像掌握其他工具那样很快掌握。控制曲线可以为设计者带来更多的戏剧性作品。下面就对曲线做一个详细的介绍。

"曲线"命令位于Photoshop菜单栏的"图像"菜单之中,是一种色调调整命令,可以对图像整体或者局部的色彩、亮度、对比度等进行综合调整。如图3-66所示。

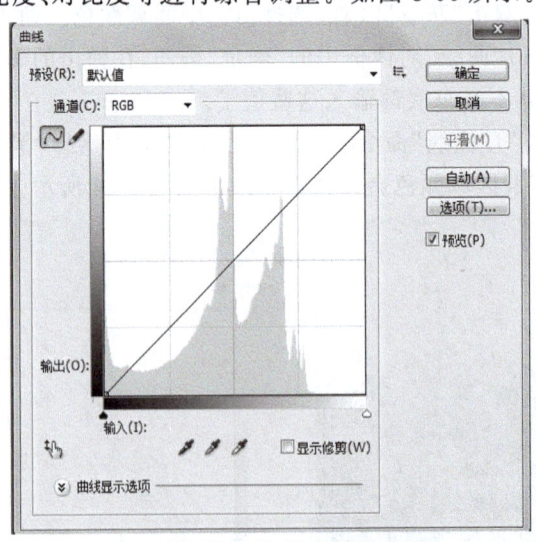

图3-66　"曲线"对话框

(1)图表。横坐标代表源图像的色调即输入值,纵坐标代表处理后图像的色调即输出值。其变化参数范围是0~255。单击图表下的光谱条,可以在黑白颜色之间切换。利用"曲线"命令调节色调,可以单击曲线上的某点,拖动节点位置即可。

(2) ~ 编辑节点修改曲线工具。它用来在图表中添加节点。若对图像的色调做复杂调整,需要在曲线上添加多个节点并进行调节。多余的节点可以单击选中并用 Delete 键删除。

(3) ✎ 绘制曲线工具。用来在图表中随意画出曲线形状,先选中该工具,将鼠标移至图表中,光标变为画笔,用画笔绘制曲线即可。

(4) ✎ 黑场吸管工具。选择该工具再单击图像某处,图像上所有比该点暗的像素都被忽略为黑色,从而使图像变暗。因此,用黑场吸管工具在图像中最亮的位置单击,整幅图像变得最暗。在图像最暗位置单击,整幅图像变化微弱。

(5) ✎ 灰场吸管工具。根据该吸管单击处的像素亮度来调整图像所有像素的亮度。在灰度模式下,该吸管不能用。

(6) ✎ 白场吸管工具。选择该工具再单击图像某处,图像上所有比该点亮的像素都被忽略为白色,从而使图像变亮。因此,用白场吸管工具在图像中最暗的位置单击,整幅图像变得最亮。在图像最亮位置单击,整幅图像变化微弱。

(7) 通道(C): RGB ▼ 通道。选择使用该 RGB 曲线调整将对所有通道起作用。若选择单一通道,曲线调整将仅对当前通道起作用。

提示:按住 Alt 键不放,并单击图表中的网格位置,可改变网格大小。网格大小对"曲线"功能没有影响,但较小的网格便于观察。

3.6 人物照片的脸部美容修饰

案例目标

1. 可选颜色的设置。
2. 曲线的使用方法。
3. 图层样式的选择。
4. 掌握滤镜的使用方法。

案例说明

本案例主要通过使用可选颜色、曲线、滤镜、图层样式对数码照片中人物脸部进行美容修饰,如图 3-67 和图 3-68 所示(配套资源教学模块 3/素材/人物 1.jpg)。

图 3-67 原图(2)   图 3-68 人物照片的脸部美容修饰效果

多媒体技术应用

3.6.1 完成过程

1. 打开需要调整的图片。

2. 选择"缩放工具"对需要修改的照片做局部放大，选择"仿制图章工具"，在工具属性栏调整直径和边缘清晰度，按住 Alt 键的同时单击鼠标，吸取瑕疵皮肤周围正常皮肤的颜色，松开 Alt 键，将光标移动到瑕疵皮肤处单击，刚才吸取的正常皮肤就会覆盖瑕疵皮肤，选择"修补工具"在需要修改的瑕疵区域圈选，按住鼠标左键拖拽选区至无瑕疵区域，松开鼠标，按 Ctrl+D 键取消选区。瑕疵区域被正常区域取代。效果如图 3-69 所示。

图 3-69 修补工具的效果

3. 选择"多边形套索工具"，将牙齿部分选中。选择"图像"|"调整"|"可选颜色"命令，打开"可选颜色"对话框，在"颜色"下拉列表中选择"白色"选项，选择"相对"选项，将黄色调整至"-60%"，去掉牙齿中的黄色。如图 3-70 所示。

4. 保持选区，选择"图像"|"调整"|"曲线"命令，打开"曲线"对话框，做如图 3-71 所示的设置，提高中间调的亮度使牙齿洁白。

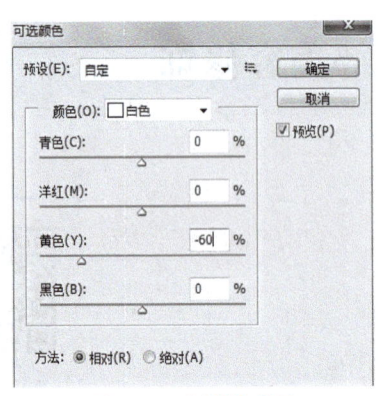

图 3-70 可选颜色设置

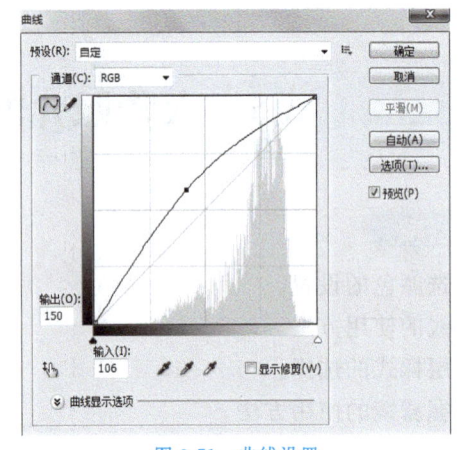

图 3-71 曲线设置

5. 取消选区。打开"图层"面板创建图层 1，将前景色设置为 RGB(246,187,181)。选择"画笔工具"，设置画笔的大小和硬度，在人物的两颊处涂抹，在"图层"面板调整不透明度给人物加上腮红。如图 3-72 所示。

图 3-72 加腮红效果

6.选择"多边形套索工具" ,选中人物皮肤部分,选择"选择"|"存储选区"命令,在弹出的"存储选区"对话框中为此选区命名,单击"确定"按钮。效果如图 3-73 所示。

图 3-73 存储选区

7.按 Ctrl+J 键复制选区并粘贴到图层 2。如图 3-74 所示。

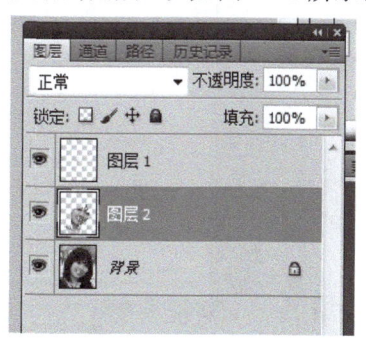

图 3-74 复制和粘贴的新图层效果

8.选择"滤镜"|"模糊"|"高斯模糊"命令。设置"半径"为 6 像素,单击"确定"按钮,如图 3-75 所示。

图 3-75 高斯模糊效果

9. 打开"图层"面板,将"图层2"的混合模式设置为"滤色",图层"不透明度"设置为39%。效果如图3-76所示。

图3-76 图层混合模式

10. 选中背景层。选择"多边形套索工具",选中嘴唇部分。选择"图像"|"调整"|"色相/饱和度"命令,在"色相/饱和度"对话框中勾选"着色"复选框。设置如图3-77所示。

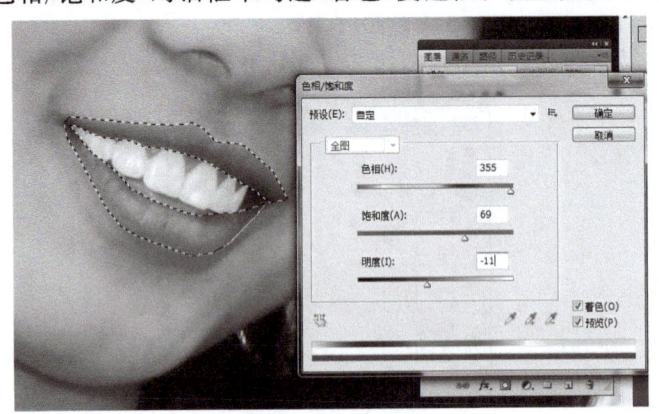

图3-77 调整嘴唇颜色

11. 按Ctrl+D键取消选区。效果见图3-68。

3.6.2 相关知识

1. 选区的存储和调取

对于需要多次使用的选区,可以将其存储到通道中,随时载入以便使用。存储选区的方法:绘制选区,选择"选择"|"存储选区"命令,在弹出的"存储选区"对话框为此选区命名,单击"确定"按钮,该选区即被存储。

在需要再次对该选区进行操作时,可激活"通道"面板,按住Ctrl键,单击该选区的名称将该选区载入。

2. 仿制图章工具的使用

使用"仿制图章工具"对面部小瑕疵进行修复时,要根据具体情况灵活地改变"画笔大小"及其"不透明度"的设置,并通过屏幕的缩放来观察整体与局部的关系,避免将面部涂花。

3. 曲线工具的使用

使用曲线工具提高牙齿亮度时,要注意与整个照片的亮度及色调保持一

微课

修复和图章工具

模块 03
数字图像处理技术

致,不要单纯地将牙齿亮度调得很白、很亮,会让牙齿在整个画面中显得过于突出,与照片整体色调不协调。在调整时可随时缩放画面来观察整体与局部的关系。

3.7 照片曝光处理

案例目标

1. 使用阴影/高光命令的方法。
2. 对照片进行曝光处理的技巧。

微课
照片曝光处理

案例说明

本案例主要通过使用阴影/高光命令对照片进行曝光处理,如图 3-78 和图 3-79 所示(配套资源教学模块 3/素材/人物 2.jpg)。

图 3-78　原图(3)

图 3-79　照片曝光处理效果

3.7.1 完成过程

1. 打开需要调整的照片。
2. 选择"图像"|"调整"|"阴影/高光"命令,打开"阴影/高光"对话框进行调整。如图 3-80 所示。

图 3-80　阴影高光设置

069

3.7.2 相关知识

1."阴影/高光"命令用来调整图像整体色调分布,它适合校正因背光太强而引起的图像过暗的画面,或由于闪光灯太强造成的曝光过度。

选择"图像"|"调整"|"阴影/高光"命令,将弹出如图 3-81 所示对话框,选项功能介绍如下:

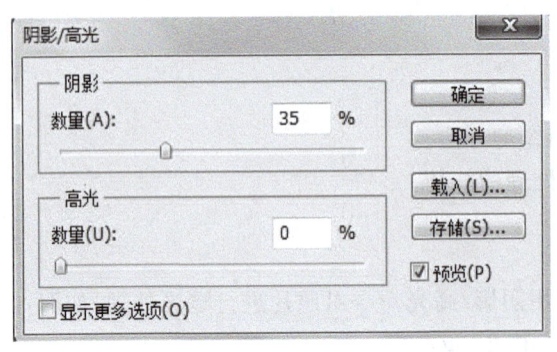

图 3-81 "阴影/高光"对话框

(1)阴影:用于调整光照校正量,数值越大,图像暗调区域提亮的程度越大。
(2)高光:用于调整光照校正量,数值越大,图像暗调区域变暗的程度越大。
(3)显示更多选项:选择该选项,可更详细地控制参数。

2."阴影/高光"命令与"亮度/对比度"命令有所不同,"阴影/高光"命令并不是对图像整体地提高或降低亮度,而是根据周围像素调整暗调与高光区,从而校正图像色调。该命令不但可以单独调整暗调和高光,勾选"显示更多选项",还提供了"中间调对比度""黑色剪贴""减少白像素"等选项来调整图像的对比度。

3.曝光度命令主要用于调整 HDR 图像的色调,但也可用于 8 位和 16 位图像。曝光度是通过在线性颜色空间(灰度系数 1.0)而不是图像的当前颜色空间执行计算而得出的。

注意:逆光拍摄的照片使用"阴影/高光"命令进行调整。

曝光有问题的照片使用"曝光度"命令进行调整。

3.8 绘制风景画

案例目标

1.认识钢笔工具。
2.掌握钢笔工具基本使用方法。
3.了解两种不同锚点的属性。
4.掌握渐变工具的使用方法。

微课
绘制风景画

案例说明

本案例主要通过使用钢笔工具制作风景画,效果如图 3-82 所示。

图 3-82　风景画效果

3.8.1 完成过程

1. 设置背景色为 RGB(208,70,31)。新建文件,尺寸为 1280 像素×768 像素,RGB 模式,背景内容为背景色。

2. 选择"钢笔工具"，在其工具属性栏中单击按钮,在如图 3-83 所示位置绘制矩形路径。

3. 在"路径"面板下方单击按钮,将路径转换为选区,即可得到矩形选区。选择"渐变工具"，渐变色彩设置从前景色到背景色,颜色从左到右依次为 RGB(208,70,31)、RGB(215,132,77)。

4. 在工具属性栏选择"线性渐变"对选区进行填充,效果如图 3-84 所示。

图 3-83　绘制矩形选区　　　　图 3-84　渐变填充后的效果

5. 选择"钢笔工具"，在其工具属性栏中单击按钮,在如图 3-85 所示位置绘制山形选区。

6. 在"路径"面板下方单击按钮,将路径转换为选区,即可得到山形选区。选择"油漆桶工具"，颜色为 RGB(56,33,39),如图 3-86 所示。按 Ctrl＋D 键取消选区。

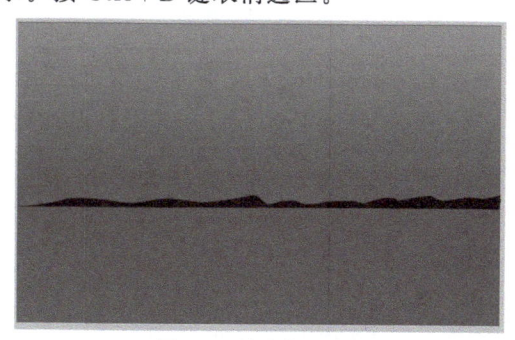

图 3-85　山形选区　　　　图 3-86　渐变填充效果

多媒体技术应用

7.选择"矩形工具" ▭，在其工具属性栏中单击 ▨ 按钮，在如图 3-87 所示位置绘制矩形选区。

8.在"路径"面板下方单击 ○ 按钮，将路径转换为选区，即可得到矩形形状的选区。选择"渐变工具" ▭，渐变色彩设置从前景色到背景色，颜色从左到右依次为 RGB(121,73,51)、RGB(200,106,45)。

9.在工具属性栏选择"线性渐变" ▭ 对选区进行填充，效果如图 3-86 所示，渐变色设置如图 3-88 所示。

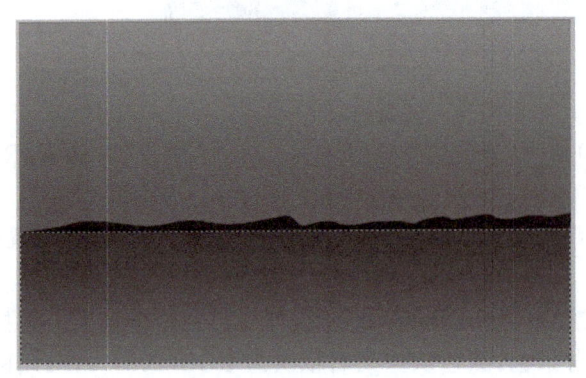

图 3-87　渐变水面效果　　　　图 3-88　渐变色设置

10.选择"钢笔工具" ✎，在其工具属性栏中单击 ▨ 按钮，在如图 3-89 所示位置绘制夕阳形状，选择"直接选择工具" ▸，调整锚点达到理想形状。

11.设定前景色为 RGB(246,254,248)，进入"路径"面板，单击面板下方"用前景色填充路径"按钮 ○，即可得到发光的夕阳效果。如图 3-90 所示。

图 3-89　夕阳形状　　　　图 3-90　夕阳效果

12.在"路径"面板下方单击 ○ 按钮，将路径转换为选区。按 Ctrl+D 键取消选区。

13.选择"钢笔工具" ✎，在其工具属性栏中单击 ▨ 按钮，在如图 3-91 所示位置绘制小船形状。

14.选择"添加锚点工具" ✎，在如图 3-91 所示位置添加锚点，通过调整锚点控制手柄绘制小船形状。

15.设定前景色为 RGB(56,33,39)，进入"路径"面板，单击面板下方"用前景色填充路径"按钮 ○，即可得到小船效果。如图 3-92 所示。

图 3-91　小船形状　　　　　　　　　　图 3-92　小船效果

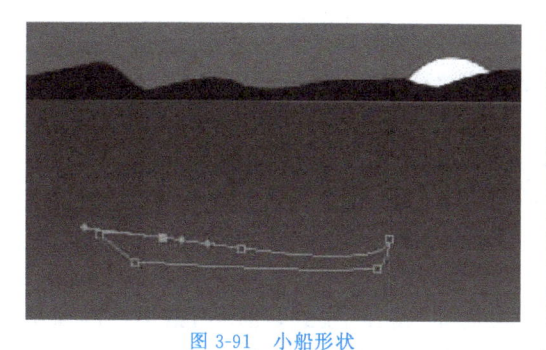

16.参照以上方法绘制人物并进行填色,如图 3-93 所示。最终效果见图 3-82。

图 3-93　绘制人物

3.8.2　相关知识

本案例包含对钢笔及路径调整工具的基本操作。

在 Photoshop 中钢笔是非常重要的造型工具。钢笔工具属于矢量绘图工具,其优点是可以勾画平滑的曲线、绘制出复杂的路径,对已有的路径进行编辑。在缩放和变形之后仍能保持平滑的效果。下面就对钢笔工具做一个详细的介绍。

1.钢笔工具

钢笔工具位于 Photoshop 的工具箱中,右击"钢笔工具"按钮可以显示出钢笔工具所包含的 5 个工具,如图 3-94 所示。通过这 5 个工具可以完成路径的前期绘制工作。

(1)钢笔工具:绘制具有最高精度的图像。

(2)自由钢笔工具:可以像使用铅笔在纸上绘图一样来绘制路径。

(3)添加锚点工具:单击路径时可以添加锚点,以此对路径进行修改和调整。

(4)删除锚点工具:可选择性删除路径上已有的锚点,以此对路径进行修改和调整。

(5)转换点工具:在平滑点和角点之间转换。在路径的角点处单击鼠标并拖曳可以将其转化为平滑点。将鼠标光标移动到路径的某一锚点上按下鼠标并拖曳,释放鼠标后光标移动到锚点一端的方向点上按下鼠标并拖曳,可以调整一端锚点的形态;再次释放鼠标后,将鼠标光标移动到另一方向点上按下鼠标并拖曳,可以将另一端的锚点调整。按住 Alt 键,将鼠标光标移动到锚点处按下鼠标并拖曳,可以将锚点的一端进行调整。

在菜单栏的下方可以看到钢笔工具的属性栏。钢笔工具有两种创建模式:创建新的形状图层和创建新的路径,如图 3-95 所示。

图 3-94　钢笔工具

图 3-95　钢笔工具属性栏

2.路径

(1)创建直线路径:单击"钢笔工具",在属性栏选择"路径"模式,然后用钢笔在画面中单击,会看到单击处的点之间有线段相连,这就是路径。保持按住 Shift 键可以让所绘制的点与上一个点保持 45°整数倍夹角(比如 0°、90°),这样可以绘制水平或者垂直的路径。

(2)直线锚点:路径上的这些点称为锚点。由于它们之间的线段都是直线,所以又称为直线锚点。直线锚点具有方向和距离属性。

(3)创建曲线路径:单击"钢笔工具",在属性栏选择"路径"模式,然后用钢笔在绘图区中单击,再次单击鼠标左键并进行拖曳,即可创建曲线路径。

(4)曲线锚点:曲线路径上的这些带有控制手柄的点称为曲线型锚点。曲线锚点除了具有方向和距离属性外,还具有曲度属性。

3.路径选择工具

(1)确认文件中已经有路径存在后,单击工具箱中的"路径选择工具",然后单击文件中的路径,当路径上的锚点全部显示为黑色时,表示该路径被选择。

(2)当文件中有多个路径需要同时被选择时,可以按住键盘上的 Shift 键,然后依次单击需要选择的路径,或用框选的方式选择所有需要的路径。

(3)在文件中按住被选择的路径,拖曳鼠标可以移动路径。

(4)按住 Alt 键,再移动被选择的路径可以复制该路径,将被选择的路径拖曳至另一个文件中,也可以进行复制。

(5)按住 Ctrl 键,可将当前工具切换为"直接选择工具",以调整被选择路径上锚点的位置或调整锚点的形状。

4.直接选择工具

直接选择工具可以用来移动路径中的锚点或者线段,也可以改变锚点的形态。此工具没有属性栏,具体使用方法如下:

(1)确认图像文件中已经有路径存在后,单击工具箱中的"直接选择工具",然后单击图像文件中的路径,此时路径上的锚点全部显示为白色,单击白色锚点可以将其选择。当锚点显示为黑色时,用鼠标拖曳选择的锚点可以修改路径的形态。单击两个锚点之间的直线段(曲线除外)并进行拖曳,也可以调整路径的形态。

(2)当需要在图像文件中同时选择路径上的多个锚点时,可以按住键盘上的 Shift 键,然后依次单击要选择的锚点,或用框选的方式选择所有需要的锚点。

(3)按住 Alt 键,在文件中单击路径可以将其选择,即全部锚点都显示为黑色。

(4)拖曳平滑点两侧的方向点,可以改变其两侧曲线的形态,按住 Alt 键并拖曳鼠标,可以同时调整平滑点两侧的方向点,按住 Ctrl 键并拖曳鼠标,可以改变平滑点一侧的方向,按住 Shift 键并拖曳鼠标,可以调整平滑点一侧的方向按 45°的倍数跳跃。

(5)按住 Ctrl 键,可以将当前工具切换为"路径选择工具",然后拖曳鼠标,可以移动整个路径位置。再次按 Ctrl 键,可将"路径选择工具"转换为"直接选择工具"。

5."路径"面板

利用"路径"面板可以将图像文件中的路径转换为选区,然后通过"描绘"或"填充"命令制作出各种复杂的图形效果。或将选区转换为路径,对其进行更精密的调整,制作更加精确的作品。如图 3-96 所示。

(1)"用前景色填充路径"按钮(图中的标注 1),单击此按钮,将以前景色填充创建的路径。

(2)"用画笔描边路径"按钮(图中的标注 2),单击此按钮,将以前景色为创建的路径描边,其描边宽度为 1 个像素。

(3)"将路径作为选区载入"按钮(图中的标注 3),单击此按钮,可将创建的路径转换为选区。

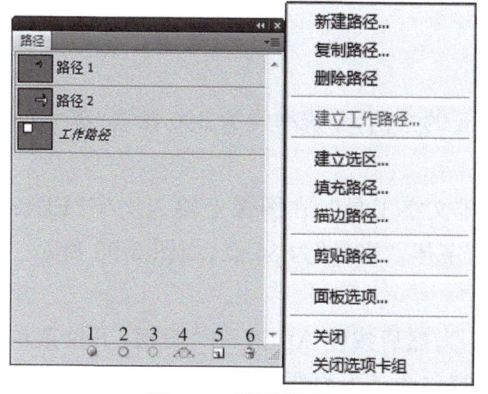

图 3-96 "路径"面板

(4)"从选区生成工作路径"按钮(图中的标注 4),确认图形文件中有选择区域,单击此按钮,可以将选区转换为路径。

(5)"创建新路径"按钮(图中的标注 5),单击此按钮,在"路径"面板将新建一个路径,若"路径"面板中已经有路径存在,将鼠标光标放置到创建的路径名称处,按下鼠标向下拖曳至此按钮处释放鼠标,可以完成路径的复制。

(6)"删除当前路径"按钮(图中的标注 6),单击此按钮,可以删除当前选择的路径,也可以将想要删除的路径直接拖曳至此按钮处,释放鼠标即可完成路径的删除。

3.9 "火焰字"效果

案例目标

掌握滤镜中"风""液化""高斯模糊"等的操作。

案例说明

本案例将制作一款熊熊燃烧的火焰字。在制作过程中主要用到"横排文字工具"、盖印可见图层、"变换"命令、"风"滤镜、"高斯模糊"滤镜、色相/饱和度、图层混合模式、"液化"滤镜、"涂抹工具"、"渐变工具"等。效果如图 3-97 所示。

图 3-97 "火焰字"效果

3.9.1 完成过程

1.创建一个 6 cm×4 cm 的文档，分辨率设为 300 像素/英寸。采用黑色作为背景色，颜色模式为 RGB 颜色。

2.单击工具箱中的"横排文字工具"，在图像上输入文字"FIRE"，颜色为白色。这里使用的是"Baskerville Old Face"字体，"字号"为 36 点，如图 3-98 所示。读者也可以选择自己喜欢的字体。

3.在文字层上新建图层 1，然后按住 Alt 键，在"图层"下拉菜单中单击"合并可见图层"命令。可以看到，新图层的内容包含了下面两层的内容，如图 3-99 所示。这样既方便编辑，又保护了原图层不被破坏。

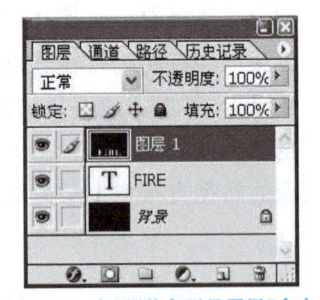

图 3-98 创建文档及文字   图 3-99 应用"盖印可见图层"命令

当需要对多层进行编辑而又不想合并图层时，"盖印可见图层"是个很好的办法，其快捷键是 Shift＋Ctrl＋Alt＋E。

4.将图层 1 设置为当前图层，选择"编辑"|"变换"|"旋转 90 度（逆时针）"命令，将该图层逆时针旋转 90°。然后选择"滤镜"|"风格化"|"风"命令，按默认值连续执行三次。效果如图 3-100 所示。

5.将图层 1 顺时针旋转 90°，回到原来的位置，执行"滤镜"|"模糊"|"高斯模糊"命令进行柔和处理，半径设为 4.5 像素。效果如图 3-101 所示。

模块 03
数字图像处理技术

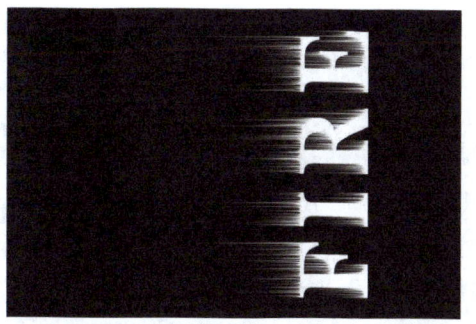

图 3-100 执行三次"滤镜"|"风格化"|"风"命令

图 3-101 执行"滤镜"|"模糊"|"高斯模糊"命令

6. 接着打开"色相/饱和度"对话框准备为图层1着色,先勾选"着色"复选框,并设置"色相"为40,"饱和度"为100,如图 3-102 所示。这一层变为橘黄色,效果如图 3-103 所示。

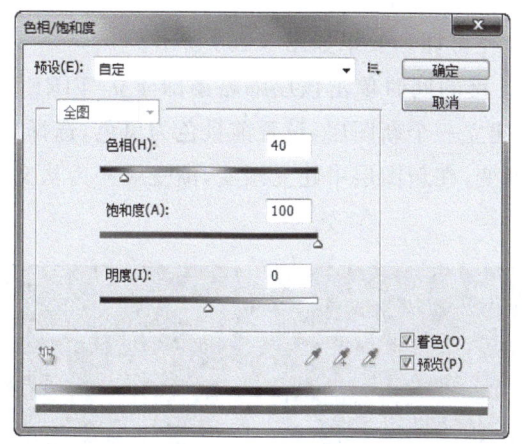

图 3-102 "色相/饱和度"对话框

图 3-103 着色后的图层1

7. 复制图层1,产生图层1副本,对图层1副本继续执行"色相/饱和度"命令,将"色相"改为360,其他不变。这一层变为红色,效果如图 3-104 所示。

8. 将图层1副本的图层混合模式设置为"颜色减淡",如图 3-105 所示。火焰的颜色就出来了,效果如图 3-106 所示。

图 3-104 着色后的图层1副本

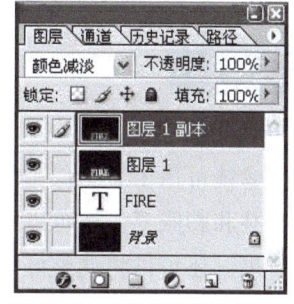

图 3-105 设置图层的混合模式

9. 把图层1副本和图层1合并,组成新的图层1副本。这时利用"液化"滤镜来描绘火焰的形状。将"画笔大小"设为50,"压力"设为40,用"向前变形工具" 在图像中描绘出主要的火苗,效果如图 3-107 所示。

077

多媒体技术应用

图 3-106　应用"颜色减淡"　　　　　　　　图 3-107　应用"液化"滤镜

10.接下来进一步对火焰进行完善。选择"涂抹工具",选择中号的柔性笔刷,将"强度"设为 60%,在火焰上轻轻涂抹,可不断改变笔头大小和压力,以使火焰效果更加真实。做好这一步的关键在于耐心和细致,全靠手控鼠标,没有捷径可循。效果如图 3-108 所示。

11.设置"FIRE"文字图层为当前层,按住 Ctrl 键的同时单击该层缩略图即建立"FIRE"图层选区,保持选区选中状态。在图层 1 副本上层建立一个新图层,设置前景色为黑色,选择"渐变工具",设置渐变类型为"前景到透明"的线性渐变,在新图层中建立渐变,渐变顺序为从文字底部到顶部。如图 3-109 所示。

图 3-108　应用"涂抹工具"　　　　　　　　图 3-109　为"FIRE"选区填充渐变

12.取消选区,最终效果见图 3-97,效果图见"配套资源教学模块 3/素材/火焰字范例.jpg"。

3.9.2　相关知识

1."液化"滤镜

"液化"滤镜可用于对图像进行各种各样的类似液化效果的扭曲变形操作,例如,推、拉、旋转、反射、折叠和膨胀等。还可以定义扭曲的范围和强度,可以是轻微的变形也可以是非常夸张的变形效果。还可以将调整好的变形效果存储起来或载入以前存储的变形效果。因而,"液化"滤镜成为我们在 Photoshop 中修饰图像和创建艺术效果的强大工具。

可以将"液化"对话框分为三部分,左侧是工具箱,中间是预览图像,右侧是各种选项的设定。

(1)工具箱

左侧的工具箱提供了多种变形工具。可以在"液化"对话框的右侧选择不同的画笔大小,所有的变形都集中在画笔区域的中心,如果一直按住鼠标或在一个区域多次绘制,可强化变形效果。工具箱中各工具功能如下:

①向前变形工具 :在拖移时向前推像素。

②重建工具 :对变形进行全部或局部的恢复。

③顺时针旋转扭曲工具 :在按住鼠标左键或拖移时可顺时针旋转像素。要逆时针旋转扭曲像素,请在按住鼠标或拖移时按住 Alt 键。

④褶皱工具 :在按住鼠标或拖移时使像素朝着画笔区域的中心移动,起到收缩图像的作用。

⑤膨胀工具 :在按住鼠标或拖移时使像素朝着离开画笔区域中心的方向移动。

⑥左推工具 :当垂直向上拖移该工具时,像素向左移动(如果向下拖移,像素会向右移动)。也可以围绕对象顺时针拖移以增加其大小,或逆时针拖移以减小其大小。要在垂直向上拖移时向右移动像素(或者要在向下拖移时向左移动像素),请在拖移时按住 Alt 键。

⑦镜像工具 :将像素拷贝到画笔区域。拖移以反射与描边方向垂直的区域(描边以左的区域)。按住 Alt 键拖移在与描边相反的方向上反射区域(例如,向下描边反射上方的区域)。通常,在冻结了要反射的区域后,按住 Alt 键并拖移可产生更好的效果。使用重叠描边可创建类似于水中倒影的效果。

⑧湍流工具 :平滑地混杂像素。它可用于创建火焰、云彩、波浪及类似的效果。

⑨冻结蒙版工具 :像画笔工具那样在预览图像上绘制可保护区域以免被进一步编辑。

⑩解冻蒙版工具 :在被冻结区域上拖曳鼠标就可将冻结区域解冻。

(2)设定工具选项

在使用工具前,需要在"液化"对话框右侧的工具状态栏中对画笔大小和画笔压力进行以下选项的设置:

①画笔大小:设置将用来扭曲图像的画笔的宽度。

②画笔密度:控制画笔如何在边缘羽化。产生的效果是:画笔的中心最强,边缘处最弱。

③画笔压力:设置在预览图像中拖移工具时的扭曲速度。使用低画笔压力可减慢更改速度,因此更易于在恰到好处时停止。

④画笔速率:设置工具(例如旋转扭曲工具)在预览图像中保持静止时扭曲所应用的速度。设置的值越大,应用扭曲的速度就越快。

⑤湍流抖动:控制湍流工具对像素混杂的紧密程度。

⑥重建模式:用于重建工具,选取的模式确定该工具如何重建预览图像的区域。

⑦光笔压力:使用光笔绘图板中的压力读数(只有在使用光笔绘图板时,此选项才可用)。选中"光笔压力"后,工具的画笔压力为光笔压力与画笔压力值的乘积。

可以选择当前图层的一部分进行变形。使用工具箱中的任何一种选区工具创建一个任意形状的选区,然后选择"滤镜"|"液化"命令,"液化"对话框中会显示一个方形的图像,但选区以外的区域会被红色的蒙版保护起来,相当于被冻结的区域,但不能用"液化"对话框中的解冻工

具对其进行解冻的操作。如果选中的是一个文字图层或形状图层,必须首先将它们进行栅格化处理才可以选取操作。

可以隐藏或显示冻结区域的蒙版、更改蒙版颜色,也可以使用"画笔压力"选项来设定图像的部分冻结或全部解冻。

(3)蒙版选项

在操作的过程中,如果有些图像区域不想修改,可使用工具或 Alpha 通道将这些区域冻结起来,也就是保护起来。被冻结的区域可以解冻后再进行修改。如果在使用"液化"命令之前选择了区域,则出现在预览图像中的所有未选中的区域都已冻结,无法在"液化"对话框中进行修改。

(4)重建选项

预览图像变形扭曲后,可以利用一系列的重建模式将这些变形恢复到原始的图像状态,然后再用新的方式重新进行变形操作。重建模式包括:恢复、刚性、生硬、平滑、松散。具体方法是:

①在"重建选项"模式列表中选择"恢复"命令,然后用"重建工具"在区域上单击或拖曳鼠标即可恢复到原始状态。

②在模式列表中选择"恢复"命令,单击"重建"按钮也可将全部被冻结区域恢复到打开时的状态。

③单击重建选项栏中的"恢复全部"按钮,可将预览图像恢复到原始状态。

2."风格化"滤镜组

"风格化"滤镜组可以使图像像素通过位移、置换、拼贴等操作,从而产生图像错位和风吹效果。选择"滤镜"|"风格化"命令,将弹出子菜单,包括凸出、扩散和拼贴等 9 个滤镜命令,下面将分别进行讲解。

(1)凸出

"凸出"滤镜将可以将图像分成数量不等但大小相同并有机叠放的立体方块,用来制作图像的扭曲或三维背景。

(2)扩散

"扩散"滤镜可以使图像看起来像透过磨砂玻璃一样的模糊效果。

(3)拼贴

"拼贴"滤镜可以根据对话框中设定的值将图像分成许多小贴块,看上去好像整幅图像是画在方块瓷砖上一样。

(4)曝光过度

"曝光过度"滤镜可以使图像产生正片和负片混合,类似于摄影中增加光线强度产生的过度曝光效果。该滤镜无参数对话框。

(5)查找边缘

"查找边缘"滤镜可以查找图像中主色块颜色变化的区域,并将查找到的边缘轮廓描边,使图像看起来像用笔刷勾勒的轮廓一样。该滤镜无参数对话框。

(6)浮雕效果

"浮雕效果"滤镜可以将图像中颜色较亮的图像分离出其他的颜色,将周围的颜色降低生成浮雕效果。

(7)照亮边缘

"照亮边缘"滤镜可以将图像边缘轮廓照亮,其效果与查找边缘滤镜很相似。

(8)等高线

"等高线"滤镜可以沿图像的亮部区域和暗部区域的边界绘制颜色比较浅的线条效果。

(9)风

"风"滤镜一般用于文字的效果比较明显,它可以将图像的边缘以一个方向为准向外移动不同的距离,类似风吹的效果。

3."模糊"滤镜组

"模糊"滤镜组主要通过削弱相邻间像素的对比度,使相邻像素间过渡平滑,从而产生边缘柔和及模糊的效果。选择"滤镜"|"模糊"命令,将打开"模糊"子菜单,其中包括8种滤镜效果,下面对其中较常用的5种进行讲解。

(1)动感模糊

"动感模糊"滤镜可以将静态的图像产生运动的动态效果,它实质上是通过对某一方向上的像素进行线性位移来产生运动模糊效果,如图 3-110 所示。常用于制作奔驰的汽车和奔跑的人物等图像。

(2)径向模糊

"径向模糊"滤镜用于产生旋转或发散模糊效果,如图 3-111 所示。

图 3-110 "动感模糊"滤镜效果　　　　图 3-111 "径向模糊"滤镜效果

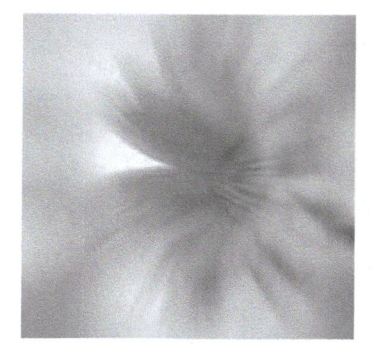

(3)特殊模糊

"特殊模糊"滤镜通过找出图像的边缘以及模糊边缘内的区域,产生一种清晰边界的模糊效果。

(4)高斯模糊

"高斯模糊"滤镜可以将图像以高斯曲线的形式对图像进行选择性地模糊,产生浓厚的模糊效果,可以将图像从清晰逐渐模糊。在前面已经列举了其操作方法,其中的"半径"文本框用来调节图像的模糊程度,值越大,图像的模糊效果越明显。

(5)镜头模糊

"镜头模糊"滤镜是 Photoshop CS5 常用的滤镜之一,它可以模仿镜头的方式对图像进行模糊。

经验指导

1. 招贴设计知识

(1) 招贴设计的概念

"招贴"按其字义解释,"招"是指引起注意,"贴"是指张贴,所以招贴即"为招引注意而进行张贴"。招贴的英文名字叫"Poster",指"展示于公共场所的告示"。

(2) 招贴的尺寸

在国外,招贴的大小有标准尺寸。按英制标准,招贴中最基本的一种尺寸是30英寸×20英寸(508 mm×762 mm),相当于国内对开纸大小。我国最常用的招贴尺寸一般有全开、对开、四开等几种,大于全开或小于四开的幅面较少见。招贴多数用制版印刷方式制成,供公共场所和商店内外张贴。

(3) 招贴设计的分类

印刷招贴可分为公益招贴和商业招贴两大类。

① 公益招贴以社会公益性问题为题材,例如纳税、戒烟、竞选、献血、交通安全、环境保护、和平、文体活动宣传等,如图3-112所示。

② 商业招贴则以促销商品、满足消费者需要的内容为题材,特别是我国随着市场经济的发展,商业招贴也越来越重要,越来越被广泛地应用,如图3-113所示。

图3-112 公益招贴　　　　　　图3-113 商业招贴

2. 数码照片处理注意问题

(1) "焦":色彩太艳,饱和度过高

即画面上到处充满高饱和度的鲜艳颜色,这是初涉数码调色的人最容易犯的毛病。造成这一现象的重要原因是缺乏色彩训练,很多初学者很容易把颜色调得过艳,色彩对比过大,尤其是外景树绿的像油漆染过的,花红的像火一样的现象常常发生,为追求所谓的"通透"色阶,往往过分地增加对比,造成色彩饱和度过高而不觉得自己调色有问题。

(2)"乱""脏":杂乱无章,无色调可言

"乱"——主要表现在画面杂乱无章,无主色调可言,各色彩之间没有建立起一定的联系,最常见的现象是为追求所谓肤色的"粉嫩"造成人物色和环境色脱离,或为了色彩的"绚丽"在不重视色彩明度及面积而过多地使用色彩差异较大的颜色造成无主次色调,花花绿绿的一大堆,往往使人们的眼睛都被花乱的颜色弄乱了而忽视本为照片主体的人物。

"脏"——色彩的冷暖关系不对,色彩倾向不准确;照片上滥用黑色,中间色调或亮部色彩中黑色成分过多。主要表现在为渲染主体常常用加深/减淡或其他工具把原本较亮的部分(尤其是照片四周)强行压暗,造成照片脏,或在暖色调照片中的暗部增加冷色而造成的脏色,这一现象尤其是在模仿"军色"时最容易发生,这是因为与黄、橙等暖色比偏蓝的冷色明度低。

(3)"素":颜色恐惧症

与"焦"相反,"素"是指色过于谨慎,在配色上"不求有功,但求无过"。经常用单色或低饱和的色彩调色。有些地方甚至把单色调和低饱和调色作为主流,这样的调色主要在明度上拉开差异,虽然不会觉得照片难看,但缺乏新意和冲击力,这样的问题在调油画调和复古色的照片中容易出现。

(4)"灰""亮":明暗不对,色彩不纯

①"灰"有两种情况

- 画面的明暗层次拉不开,该明的不亮,该暗的不深,解决的方法是把色阶的黑、白场调整到位就可以了。
- 另一种现象是什么颜色中都添加一些黑色或补色、对比色,使颜色失去饱和度和鲜明的个性。后期在调色过程中经常有这样的现象发生:色阶、曲线已经把反差拉的很大,可照片还是不透,肤色还是发暗很难调整,主要原因是色彩已经不够纯了。以肤色为例,正常环境下人的皮肤应该偏黄红色,可如果肤色混进了青色、蓝色这样的颜色,纯度发生了改变就会觉得皮肤发灰,这时候就很难调了。

②"亮"

片面追求"亮色",照片整体过亮,无层次,人物整体尤其皮肤过白,男女肤色无差异,两张白生生的脸无立体感可言,这样的情况一是受传统化妆"粉厚,脸白就是美"的影响。二就是存在把照片提得过亮好修片的偷懒思想。

(5)无景深感

不了解空间透视现象,远景和近景都采用同样高饱和度的颜色,并且远近一样清晰、一样冷暖,没有虚实感,造成空间虚假的画面。在调修过程中对欠缺的照片用模糊滤镜做景深时要把握一条规律,即视距越远的物体色彩越偏冷、视觉越模糊。

拓展训练

训练3-1 图像合成

训练要求：

利用选取等操作，打开素材文件"图像合成a""图像合成b""图像合成c"，制作合成图像。

效果如图3-114所示。

图3-114 合成图像效果

训练3-2 "光盘效果"设计

训练要求：

"光盘效果"是利用图层效果、规则选区等命令制作圆形立体效果。

(1) 创建新文件，分辨率为300 dpi，色彩为CMYK模式。

(2) 新建图层1，使用"椭圆选框工具"，改变参数绘制正圆形，填充任意颜色。

(3) 选中图层1的正圆形，选择"选择"|"修改"|"收缩"命令，输入一定数值，形成光盘中间的小圆形状，再按下Delete键，删除小圆中的图像。

(4) 复制另一个文件"光盘素材"（配套资源教学模块四\素材\光盘素材.jpg）到图层2，并用剪贴图层的命令将图层2的内容剪贴到图层1中。

(5) 使用图层样式，将描边、外发光、投影等效果应用到图层1中。

效果如图3-115所示。

图3-115 光盘效果

训练 3-3　照片曝光处理

训练要求：

把曝光过度的照片调整到正常状态。

效果如图 3-116 和图 3-117 所示。

图 3-116　原图(4)　　　　　图 3-117　曝光处理效果

训练 3-4　绘制风景画

训练要求：

利用绘画与路径工具绘制风景画面。

(1) 创建新文件。

(2) 使用"矩形选框工具"分出天空和水面。

(3) 用"椭圆选框工具"绘制小鸭子，使用渐变工具进行着色。

(4) 使用"渐变工具"制作渐变的水面效果。

(5) 使用"钢笔工具"勾画白云和花朵。

效果如图 3-118 所示。

图 3-118　训练 1 风景画效果

训练 3-5 "玻璃字"制作

训练要求：

利用文字工具和滤镜制作出玻璃字效果。

(1) 文件为 16cm×12cm，72 dpi，RGB 模式，背景为白色。

(2) 输入文字"玻璃"，字号为 150 点，字体为黑体，颜色为黑色。

(3) 合并文字层和背景层。

(4) 执行"滤镜"|"模糊"|"动感模糊"命令，角度：45 度，距离：30 像素。

(5) 执行"滤镜"|"风格化"|"查找边缘"命令。

(6) 执行"图像"|"调整"|"反相"命令。

(7) 执行"图像"|"调整"|"色阶"命令。

(8) 选择"渐变工具"，设置颜色为彩虹，将模式调整为"颜色"，拉出渐变。

效果如图 3-119 所示。

图 3-119 玻璃字效果图

模块 04 Flash 动画设计

教学目标

通过逐帧动画制作、形状补间动画制作、传统补间动画制作遮罩动画制作和路径引导动画制作五个案例的学习掌握 Flash CS5 的工作界面、常用绘图工具的使用方法和逐帧动画等五种基本类型动画的制作方法、基本步骤及常用动画制作及设计技巧。

教学要求

知识要点	能力要求	关联知识
Flash CS5 操作基础知识	掌握	Flash CS5 操作界面、时间轴和面板等的基本操作方法,绘制图形的方法
逐帧动画	掌握	帧和图层的操作方法
元件、实例和库	掌握	创建、编辑、使用和管理元件及元件实例的方法
补间动画	重点掌握	补间动画的创建方法
高级动画	掌握	利用遮罩层、引导层制作动画

4.1 逐帧动画制作

案例目标

1.初识 Flash CS5 动画制作软件。

2.了解 Flash CS5 界面,掌握 Flash CS5 操作基础知识。

3.掌握逐帧动画的制作原理及方法。

案例说明

本案例内容是在蔚蓝的天空中,一只老鹰从左至右由近及远地飞翔,这是一个利用导入 GIF 动画而创建的逐帧动画,如图 4-1 所示。

图 4-1 飞翔的老鹰

4.1.1 完成过程

1.新建文档

执行"文件"|"新建"命令,在弹出的对话框中选择"修改"|"文档"选项后,单击"确定"按钮,新建一个影片文档,在"文档属性"面板上设置文件大小为 660 像素×460 像素,背景颜色为白色,如图 4-2 所示。

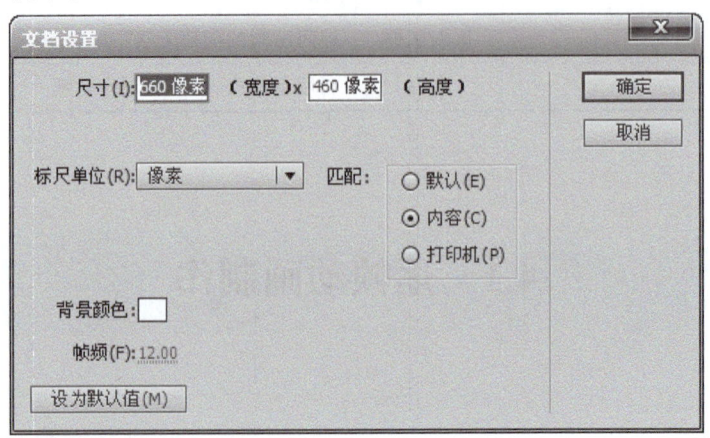

图 4-2 创建新文档

2.创建背景图层

双击"图层 1",在选中的状态下重命名为"背景"。选中第 1 帧,执行"文件"|"导入"|"导入到舞台"命令,将"模块 4 素材\大海.jpeg"图片导入场景中(配套资源模块 4 素材\大海.jpg),场景效果如图 4-3 所示。选择第 30 帧,单击 F5 键,增加过渡帧,使帧内容延续到第 30 帧。

图 4-3　导入场景图片

3.导入 GIF 动画

在"背景"层上新建一个"图层 2",双击"图层 2",在选中的状态下将其重命名为"老鹰",选中第 1 帧,执行"文件"|"导入"|"导入到舞台"命令,导入"模块 4 素材\老鹰.gif"文件,这时 Flash 会自动把 gif 中的图片系列以逐帧形式导入场景的左上角,图 4-4 是导入后的动画效果,它们被 Flash 自动分配在 30 个关键帧中。

4.调整对象大小及位置

此时,时间帧区出现连续的关键帧,从左向右拉动播放头,就会看到一只飞翔的老鹰。但是,被导入的动画系列的大小和位置不符合要求,默认情况下,导入的对象被放到场景左上角,需要更改它的大小和位置。

当然也可以一帧帧地调整位置,完成一幅图片后记下其坐标值,再把其他图片设置成相同的坐标值。

也可以用"多帧编辑"功能来完成修改任务,先把"场景"图层加锁,然后单击时间轴面板下方的"编辑多个帧"按钮,再单击"修改绘图纸标记"按钮,在弹出的菜单中选择"所有绘图纸"选项,如图 4-5 所示。

图 4-4　生成的逐帧动画

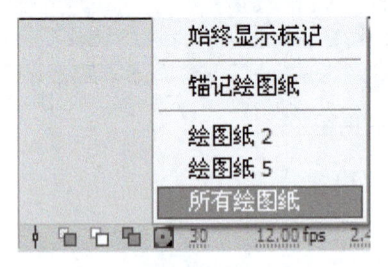

图 4-5　选择"所有绘图纸"选项

执行"编辑"|"全选"命令，然后执行"修改"|"变形"|"缩放"命令，将老鹰适当缩小一些，并适当调节它的位置，此时时间轴和场景效果如图 4-6 所示。

5.测试存盘

执行"控制"|"测试影片"命令(快捷键 Ctrl＋Enter)，观察动画的效果，如果满意，执行"文件"|"保存"命令，将文件保存成"飞翔的老鹰.fla"文件。如果要导出 Flash 的播放文件，执行"文件"|"导出"|"导出影片"命令。

4.1.2　相关知识

1.Flash CS5 界面简介

Flash CS5 是 Adobe 公司开发的一款集动画设计、Web 网页站点开发等功能于一身的优秀软件。从简单的动画到复杂的交互式 Web 应用程序，从丰富的多媒体支持到流媒体 FLV 视频文件的在线播放，Flash CS5 为客户提供了更多的想象空间和技术支持，可以结合个人的创意做出有声有色的动画作品及互动性商业网站等。

Flash 中有五种常见的动画形式：逐帧动画、形状补间动画、传统补间动画、遮罩动画、引导线动画。

图 4-6 选取多个帧编辑

运行 Flash CS5,首先看到的是"开始"页面。页面中列出了一些常用的任务。页面的左边下侧列出了最近打开过的项目名单,单击这些文件名可以从这里直接打开文件;左边上侧列出了各种类型的模板,通过这里可以直接创建基于模板的各种动画文件;中间是可创建的各种类型的新项目;右边列出了 Flash CS5 的基本内容;通过单击中间"扩展"下面的"Flash Exchange"链接还可以打开 Adobe 公司提供的用于交换的网站,通过这里可以找到许多资源(如第三方插件等),如图 4-7 所示。

执行开始页面中"新建"|"Flash 文件"命令,就可以创建一个新的 Flash 动画文件。

Flash 的工作界面由几部分组成,最上方的是"主工具栏"(通过执行"窗口"|"工具栏"|"主工具栏"命令可以打开或隐藏"主工具栏");"主工具栏"的下方是"文档选项卡",用于切换已经打开的文档;"时间轴"和"舞台"位于工作界面的中心位置;右边是"工具面板",用于创建和修改图形内容,使用频率极高;"舞台"的右侧是属性面板组,包括常用的"属性"以及"颜色"面板和"库"面板等,如图 4-8 所示。

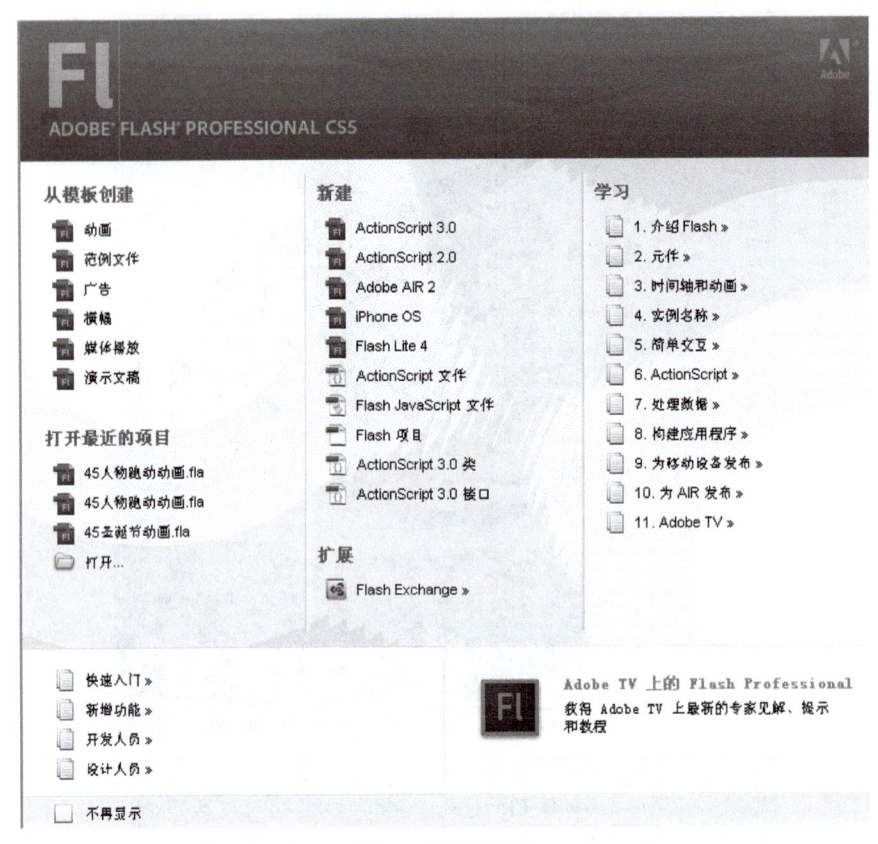

图 4-7 "开始"页面

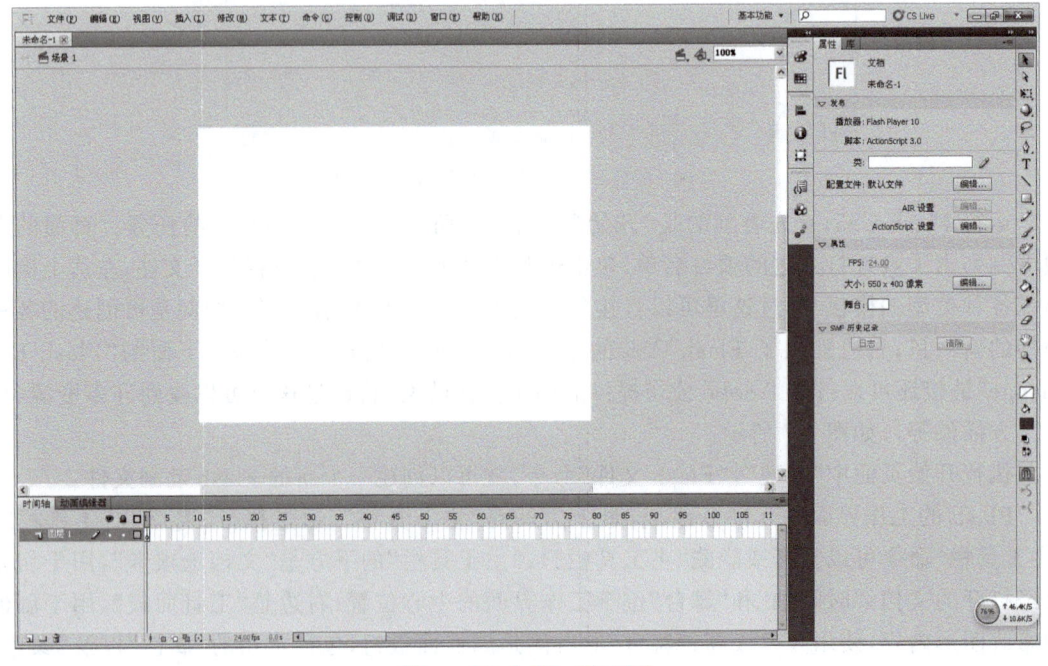

图 4-8 Flash CS5 工作界面

2.文档选项卡

新建或打开一个文档后,在"主工具栏"的上方会显示出该文档的标签(一般称为"文档选项卡")。如果打开或创建多个文档,"文档名称"将按文档创建的先后顺序出现在"文档选项卡"中。只要单击文件名称,即可快速切换到该文档。

用鼠标右键单击"文档选项卡",在弹出的快捷菜单中可以快速实现"新建""打开""保存"等功能,如图 4-9 所示。

3.时间轴

时间轴用于组织和控制文档内容在一定时间内播放的图层数和帧数。Flash 文档将帧作为时长的基本单位。图层就像堆叠在一起的多张幻灯胶片一样,每个图层都包含一个显示在舞台中的不同图像。时间轴的主要组件是图层、帧和播放头。

图 4-9 文档选项卡快捷菜单

动画其实都是将事先绘制好的一帧一帧的连续动作的图片进行连续播放,利用人的"视觉暂留"特性,在大脑中形成动画效果。Flash 动画的制作原理也是一样,它是把绘制出来的对象放到一格格的帧中,然后再播放,便形成了动画。

时间轴如图 4-10 所示。

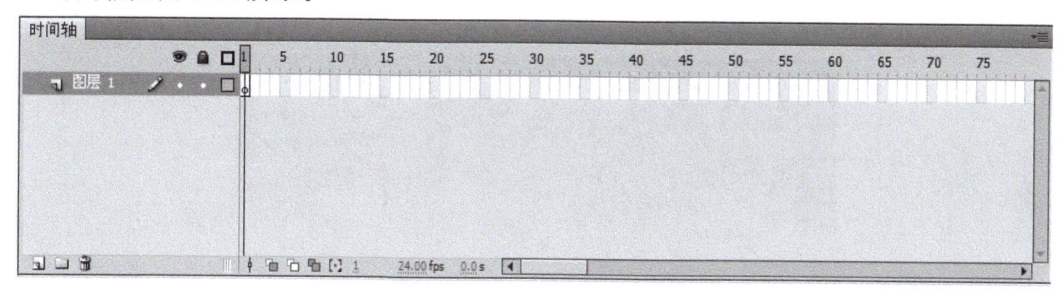

图 4-10 时间轴

4.工具面板

位于工作界面右边的长条形状就是工具面板(也称"工具箱"),工具面板是 Flash 中最常用的一个面板,用鼠标单击即可选中其中的工具,如图 4-11 所示。

执行"编辑"|"自定义工具面板"命令,打开"自定义工具面板"对话框,可以自定义工具面板中的工具。可根据需要重新安排和组合工具的位置,选择"可用工具"列表框中的选项工具,单击"添加"按钮就可以将选择的工具添加到"当前选择"中,单击"恢复默认值"按钮就可以恢复系统默认的工具面板设置,如图 4-12 所示。

5.舞台

舞台位于工作界面的正中间部位,是创建 Flash 文档时放置图形内容的矩形区域,这些图形内容包括矢量插图、文本框、按钮、导入的位图图形或视频剪辑等。Flash 创作环境中的舞台相当于 Macromedia Flash Player 或 Web 浏览器窗口中在回放期间显示 Flash 文档的矩形空间。

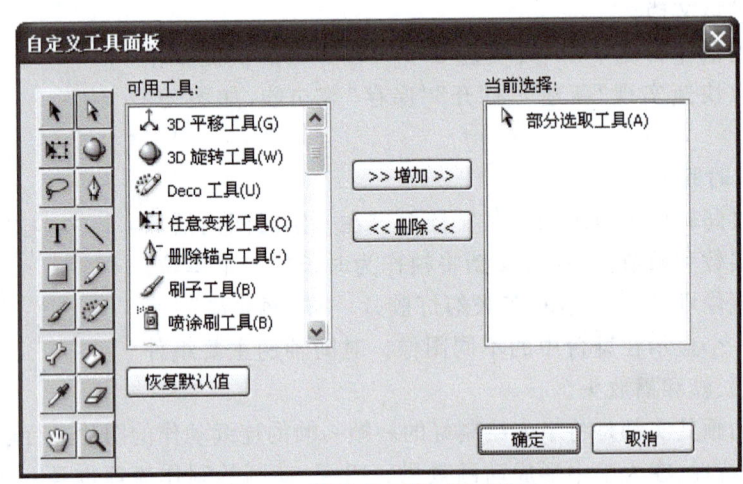

图 4-11 工具箱　　　　　图 4-12 "自定义工具面板"对话框

默认状态下,舞台的宽为 550 像素,高为 400 像素,如图 4-13 所示。可以在"属性"面板中根据需要来修改舞台的尺寸大小。

图 4-13 舞台

6.逐帧动画

逐帧动画是一种非常常见的动画形式,它的原理是在每一帧中设置不同的画面,连续播放而形成动画。

逐帧动画需要更改每一帧中的舞台内容,它最适合于每一帧中的图像都在更改,而不是简单地在舞台中移动的复杂动画。在逐帧动画中,Flash 会保存每个完整帧的值,不仅增加了制作负担,而且最终输出的文件量也很大。但它的优势也很明显:因为它与电影播放模式相似,很适合于表现细腻的动画,如 3D 效果、人物或动物跑动等效果。

在时间帧上逐帧绘制帧内容称为逐帧动画,由于是一帧一帧的画,所以逐帧动画具有非常大的灵活性,几乎可以表现任何想表现的内容。

逐帧动画在时间帧上表现为连续出现的关键帧,如图 4-14 所示。

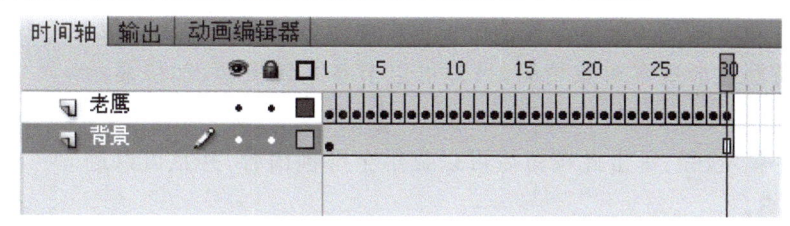

图 4-14　逐帧动画的帧表现形式

(1)创建逐帧动画的方法

用导入的静态图片建立逐帧动画。将 *.jpg、*.png 等格式的静态图片连续导入 Flash 中,就会建立一段逐帧动画。

绘制矢量逐帧动画。用鼠标或压感笔在场景中一帧帧地画出每帧的内容。

文字逐帧动画。用文字作为帧中的内容,实现文字跳跃、旋转等特效。

指令逐帧动画。在时间帧面板上,逐帧写入动作脚本语句来完成元件的变化。

导入系列图像。可以导入 *.gif 系列图像、*.swf 动画文件或者利用第三方软件(如 Swish、Swift 3D 等)产生动画系列。

(2)绘图纸

①绘图纸的用途

绘图纸具有帮助定位和编辑动画的辅助功能,这个功能对于制作逐帧动画特别有用。通常情况下,Flash 在舞台中一次只能看到动画系列的一个帧,使用绘图纸功能后,就可以在舞台中一次查看两个或多个帧了。

如图 4-15 所示,这是使用绘图纸功能后的场景效果。可以看出,当前帧中内容用全彩色显示,其他帧内容以半透明显示。看起来好像所有帧内容是画在一张半透明的绘图纸上,这些内容相互交叠在一起。当然,这时只能编辑当前帧的内容。

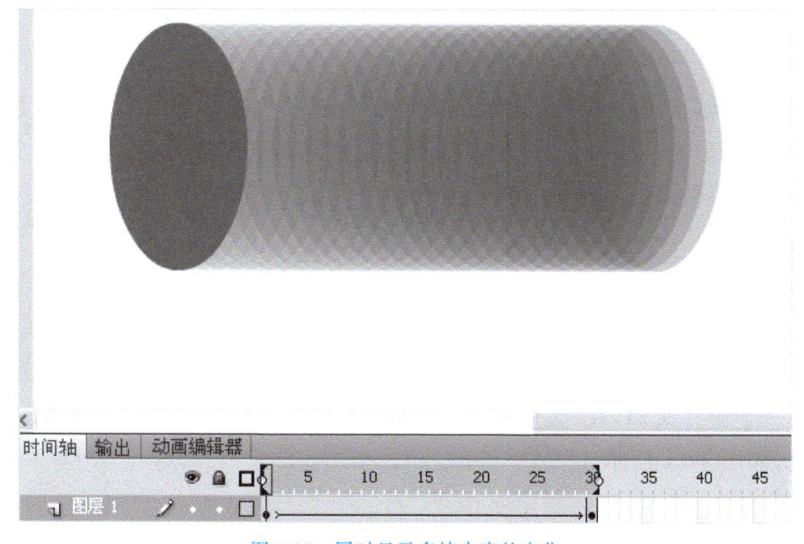

图 4-15　同时显示多帧内容的变化

②绘图纸各个按钮的用途

"绘图纸外观"按钮：单击此按钮后，在时间帧的上方出现绘图纸外观标记。拉动外观标记的两端，可以扩大或缩小显示范围。

"绘图纸外观轮廓"按钮：单击此按钮场景中显示各帧内容的轮廓线，填充色消失，特别适合观察对象轮廓，另外可以节省系统资源，加快显示过程。

"编辑多个帧"按钮：单击此按钮后可以显示全部帧内容，并且可以进行多帧同时编辑。

"修改绘图纸标记"按钮：单击此按钮后，弹出一个菜单，如图 4-16 所示。菜单中各选项含义如下：

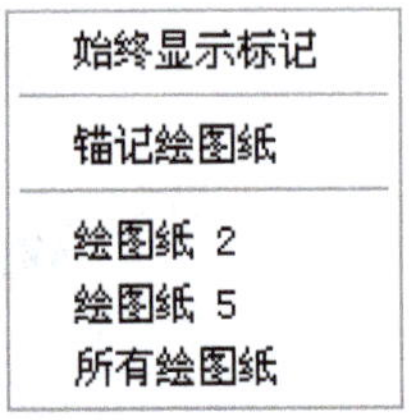

| 始终显示标记 |
| 锚记绘图纸 |
| 绘图纸 2 |
| 绘图纸 5 |
| 所有绘图纸 |

图 4-16　快捷菜单

"始终显示标记"，会在时间轴标题中显示绘图纸外观标记，无论绘图纸外观是否打开。

"锚记绘图纸"，会将绘图纸外观标记锁定在时间轴标题中的当前位置。通常情况下，绘图纸外观是和当前帧的指针以及绘图纸外观标记相关的。通过锚记绘图纸外观标记，可以防止它们随当前帧的指针移动。

"绘图纸 2"，会在当前帧的两边显示 2 个帧。

"绘图纸 5"，会在当前帧的两边显示 5 个帧。

"所有绘图纸"，会在当前帧的两边显示全部帧。

4.2　形状补间动画制作

案例目标

1. 了解形状补间动画基础知识及特点。
2. 掌握形状补间动画的制作原理及方法。

案例说明

本案例是用 30 帧实现将一个绿颜色的矩形变为红颜色的圆形的动画。通过形状补间动画，可以创建类似于形变的效果，使一个形状看起来随着时间变成另一个形状。运用它可以制作出各种奇妙的变形效果。

4.2.1　完成过程

1. 新建文档

执行"文件"|"新建"命令，在弹出的对话框中选择"常规"|"Flash 文件"选项后，单击"确定"按钮，新建一个影片文档，在"文档设置"对话框中设置文件大小为 550 像素×400 像素，背景颜色为白色，如图 4-17 所示。

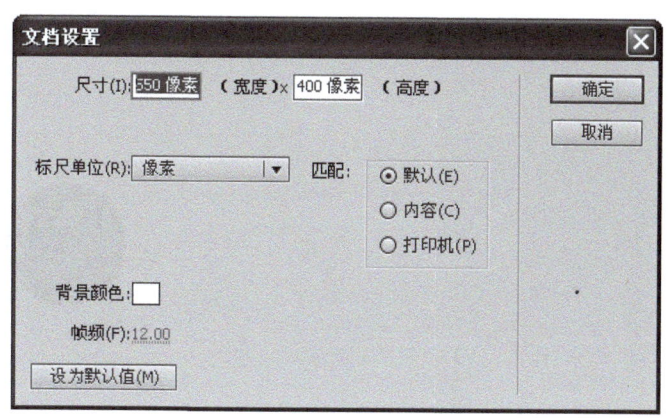

图 4-17 "文档设置"对话框(1)

2.画矩形

选定图层 1 的第 1 帧,在舞台上绘制一个边框为无、填充颜色为绿颜色(♯00FF00)的矩形,如图 4-18 所示。

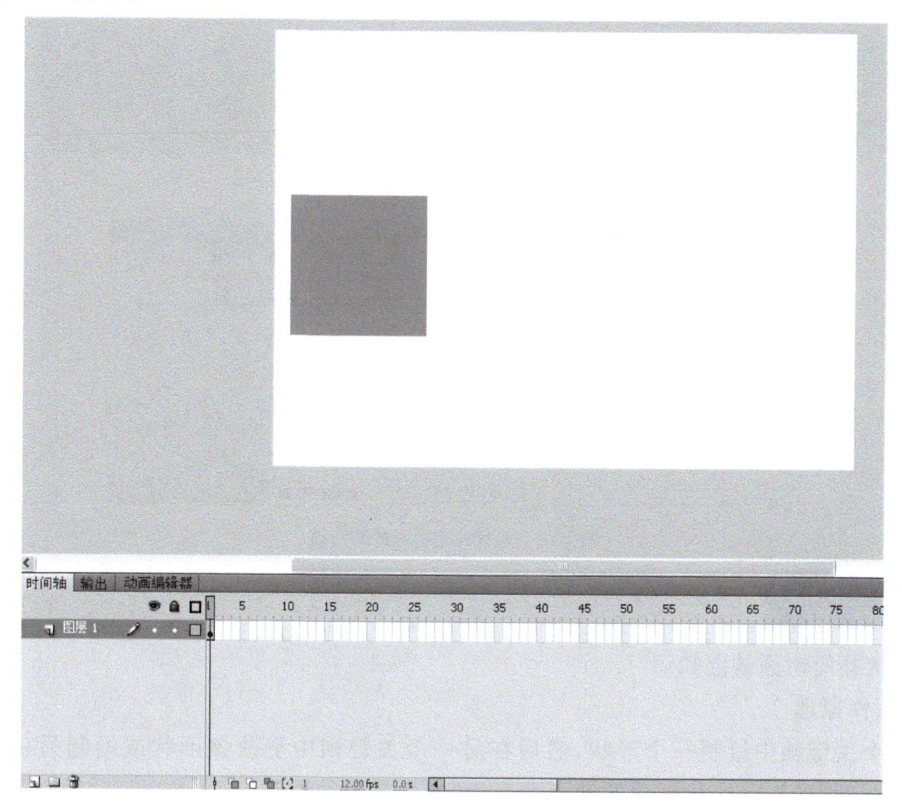

图 4-18 绘制矩形

3.画正圆形

选定图层 1 的第 30 帧,插入关键帧,在舞台上绘制一个边框为无,填充颜色为红颜色(♯FF0000)的正圆形,并删去左边的矩形,如图 4-19 所示。

4.形成形状补间动画

单击开始帧,单击鼠标右键,创建补间形状,创建后时间轴如图 4-20 所示。

多媒体技术应用

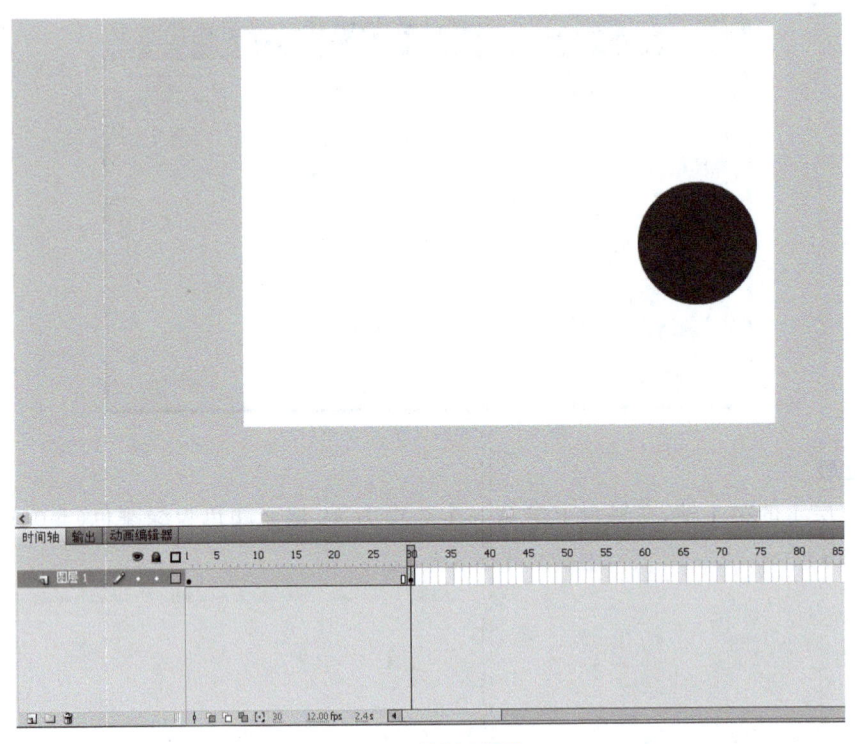

图 4-19　绘制正圆形

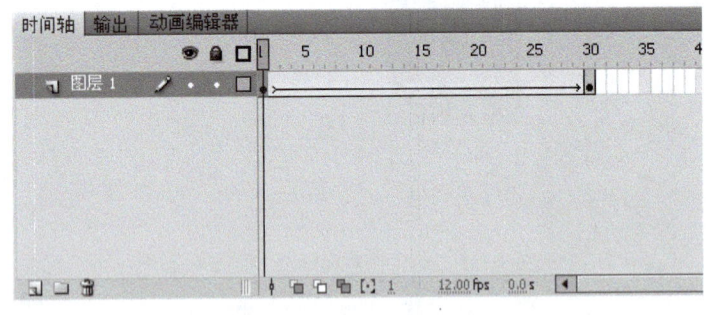

图 4-20　形状补间动画的时间轴

4.2.2　相关知识

1.形状补间动画基础知识

(1)制作原理

在一个关键帧中绘制一个形状,然后在另一个关键帧中更改该形状或绘制另一个形状。Flash 根据二者的形状变化创建的动画被称为"形状补间动画"。

(2)动画的元素

形状补间动画可以实现两个图形之间颜色、形状、大小、位置的相互变化,其变形的灵活性介于逐帧动画和传统补间动画之间,使用的元素多为用鼠标或压感笔绘制出的形状,如果使用图形元件、按钮、文字,则必须先"分离"才能创建变形动画。

(3)在时间轴上的表现

形状补间动画建好后,时间帧面板的背景色变为淡绿色,在起始帧和结束帧之间有一个长长的箭头,如图 4-21 所示。

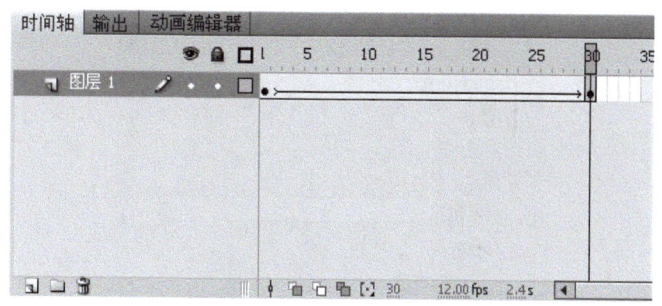

图 4-21　形状补间动画时间轴面板

（4）制作方法

创建形状补间动画时，先在动画开始播放的地方创建或选择一个关键帧，并设置要开始变形的形状，一般一帧中以一个对象为好，然后在动画结束处创建或选择一个关键帧并设置要变成的形状，再单击开始帧，单击鼠标右键，在如图 4-22 所示的菜单中选择"创建补间动画"，一个形状补间动画就创建完了。

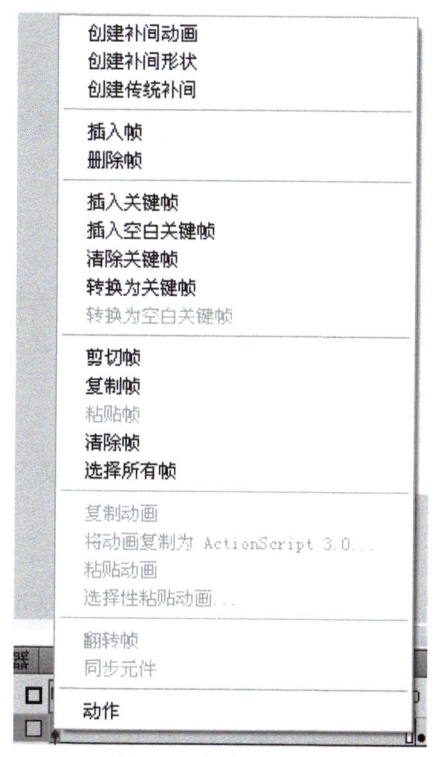

图 4-22　创建补间动画

2. 形状补间动画的属性面板功能简介

Flash"属性"面板随着鼠标选定的对象不同而发生相应的变化。当建立一个形状补间动画后，单击帧，"属性"面板如图 4-23 所示。

（1）"缓动"选项

拖动数值可以调节参数值，当然也可以在文本框中直接输入具体的数值，设置后，形状补间动画会随之发生相应的变化。

在 -1 到 -100 的负值之间，动画运动的速度从慢到快，朝运动结束的方向加速度补间。在 1 到 100 的正值之间，动画运动的速度从快到慢，朝运动结束的方向减慢补间。

图 4-23 形状补间动画的"属性"面板

默认情况下,补间帧之间的变化速率是不变。

(2)"混合"选项

"混合"选项中两个子选项:

"角形"选项,动画中间形状会保留有明显的角度和直线,适合于具有锐化转角和直线的混合形状。

"分布式"选项,动画中间形状比较平滑和不规则。

3.使用形状提示

形状补间动画看似简单,实则不然。Flash 在"计算"两个关键帧中图形差异时,远不如人们想象中的那么"聪明",尤其前后图形差异较大时,变形结果会显得杂乱无序,这时,"形状提示"功能会大大改善这一情况。

(1)形状提示的作用

在"起始形状"和"结束形状"中添加相对应的"参考点",使 Flash 在计算变形过渡时依一定的规则进行,从而较有效地控制变形过程。

(2)添加形状提示的方法

先单击形状补间动画的开始帧,执行"修改"|"形状"|"添加形状提示"命令,该帧的形状上就会增加一个带字母的红色圆圈。相应地,在结束帧形状中也会出现一个"提示圆圈",用鼠标左键分别单击并拖动这两个"提示圆圈",放置在适当位置,安放成功后,开始帧上的"提示圆圈"变成黄色,结束帧上的"提示圆圈"变为绿色,安放不成功或不在一条曲线上时,"提示圆圈"颜色不变。

4.3　传统补间动画制作

案例目标

1.了解传统补间动画基础知识及特点。

2.掌握传统补间动画的制作原理、方法及技巧。

模块 04
flash 动画设计

> 案例说明

本案例效果为天空中左下角的飞机逐渐飞向右上角,由近及远,飞机变得越来越小、越来越模糊。请在案例中详细了解传统补间动画的创建方法及特点。

4.3.1 完成过程

1.创建影片文档

执行"文件"|"新建"命令,在弹出的面板中选择"常规"|"Flash 文档"选项后,单击"确定"按钮,新建一个影片文档,在"文档设置"对话框中设置文件大小为 550 像素×400 像素,"背景颜色"为白色,如图 4-24 所示。

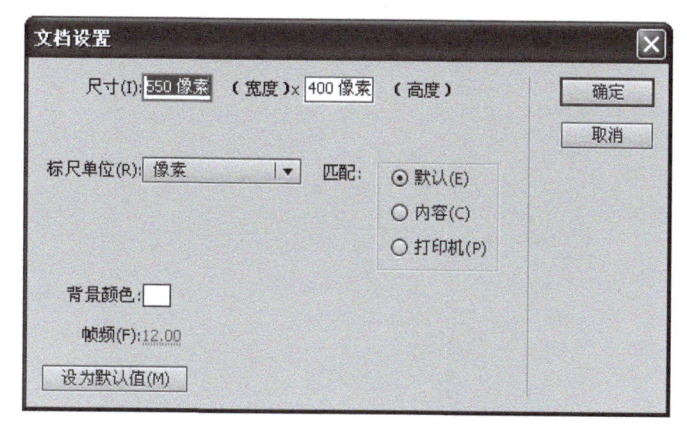

图 4-24 "文档设置"对话框(2)

4.导入背景图片

将"图层 1"重命名为"背景天空",选定"背景天空"图层第 1 帧,执行"文件"|"导入"|"导入到舞台"命令,将"模块 4 素材\天空.jpg"的图片导入场景中,选择工具箱中的"选择工具"和"任意变形工具",调整图片的大小和位置,选中第 100 帧,单击 F5 键,添加普通帧,如图 4-25 所示。

图 4-25 背景天空图层的时间轴

3.新建飞机元件

执行"插入"|"新建元件"命令,输入"名称"为"飞机",选择"类型"为"图形",单击"确定",进入新元件编辑场景,选择第 1 帧,执行"文件"|"导入"|"导入到舞台"命令,将"模块 4 素材\飞机.png"的图片导入场景中,如图 4-26 所示。

4.利用飞机元件制作动画

单击时间轴左上角的"场景 1"按钮,转换到主场景 1 中。在"背景天空"图层上新建"飞机"图层,执行"窗口"|"库"命令,打开"库"面板,选定"飞机"图层第 1 帧,把库中名为"飞机"的元件拖到场景的左下角。由于希望飞机从左下角向右上角飞远,所以还需要执行"修改"|"变形"|"水平翻转"命令,把飞机转个方向。

101

图 4-26 导入"飞机"图形元件

在"属性"面板中,打开"颜色"下拉菜单,选择"Alpha",在其右边的文本框中输入其值为 100%,如图 4-27 所示。

图 4-27 动画的起始帧界面

现在来分析一下飞行时动画的变化情况。由于是由近而远，所以飞机应该是越来越小，越来越不清晰。下面看看这种效果是怎么体现出来的。

选中"飞机"图层的第 100 帧，按 F6 键，添加一个关键帧，将飞机拖动到右上角，选择工具箱中的"选择工具"和"任意变形工具"，调整图片的大小和位置，在"属性"面板中设置飞机的透明度"Alpha"值为 30%，如图 4-28 所示。

图 4-28　动画的第 100 帧状态

用鼠标右击"飞机"图层的第 1 帧，然后选择"创建传统补间"。这样，一个简单的传统补间动画就创建好了。

4.3.2　相关知识

1.传统补间动画基础知识

传统补间动画也是 Flash 中非常重要的动画之一，与形状补间动画不同的是，传统补间动画的对象必须是"元件"或"成组对象"。

运用传统补间动画，可以设置元件的大小、位置、颜色、透明度、旋转等种种属性，配合其他方法，甚至能做出令人称奇的仿 3D 的效果来。

（1）制作原理

在一个关键帧上放置一个元件，然后在另一个关键帧改变这个元件的大小、颜色、位置、透明度等，Flash 根据二者之间的帧创建的动画被称为传统补间动画。

（2）动画的元素

构成传统补间动画的元素是元件，包括影片剪辑、图形元件、按钮、文字、位图、组合等等，但不能是形状。只有把形状"组合"或者转换成"元件"后才可以做"补间动画"。

（3）在时间轴上的表现

传统补间动画建立后，时间帧面板的背景色变为淡紫色，在起始帧和结束帧之间有一个长长的箭头，如图 4-29 所示。

图 4-29　传统补间动画的时间轴

(4)创建补间动画的方法

在动画开始播放的地方创建或选择一个关键帧并设置一个元件,一帧中只能放一个项目,在动画要结束的地方创建或选择一个关键帧并设置该元件的属性,再单击开始帧,用右键单击帧,在弹出的菜单中选择"创建补间动画",就建立了"传统补间动画"。

2.传统补间动画的属性设置

在时间轴"传统补间动画"的起始帧上单击,帧属性面板如图4-30所示。

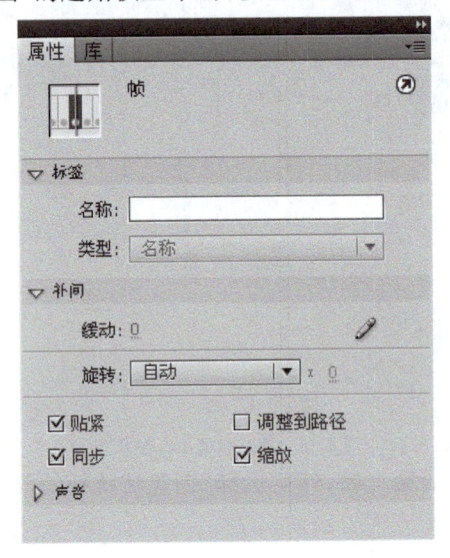

图4-30 传统补间动画属性面板

(1)"缓动"选项

用鼠标拖动数字的滑块或直接输入数值,可设置参数值,设置完后,传统补间动画效果会以下面的设置做出相应的变化:

在-100到-1之间的负值,动画运动的速度从慢到快,朝运动结束的方向加速补间。

在1到100之间的正值,动画运动的速度从快到慢,朝运动结束的方向减慢补间。

在默认情况下,补间帧之间的变化速率是不变的。

(2)"旋转"选项

共有4个选择,选择"无"(默认设置)可禁止元件旋转;选择"自动"可使元件在需要最小动画的方向上旋转一次;选择"顺时针"(CW)或"逆时针"(CCW),并在后面输入数字,可使元件在运动时顺时针或逆时针旋转相应的圈数。

(3)"调整到路径"复选框

将补间元素的基线调整到运动路径,此项功能主要用于引导线运动,将在后续内容中介绍此功能。

(4)"同步"复选框

使图形元件实例的动画和主时间轴同步。

(5)"紧贴"复选框

紧贴至辅助线。

模块 04 Flash 动画设计

4.4 遮罩动画制作

案例目标

了解遮罩动画的概念。
掌握遮罩动画的制作原理、方法。

案例说明

本案例效果为随着正圆形的视窗左右运动显示英文字母"happy birthday"。

4.4.1 完成过程

1. 新建文档

执行"文件"|"新建"命令,在弹出对话框中选择"常规"|"Flash 文档"选项后,单击"确定"按钮新建一个影片文档,在"文档设置"对话框中设置文件大小为 450 像素×200 像素,"背景色"为深红色,如图 4-31 所示。

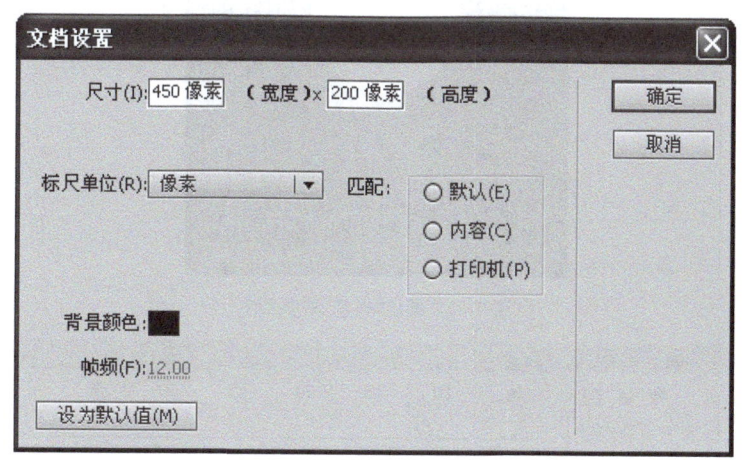

图 4-31 "文档设置"对话框(3)

2. 创建元件

执行"插入"|"新建元件"命令,新建一个图形元件,名称为"happy birthday"。单击工具箱中的"文本工具",在场景中输入"happy birthday",在"属性"面板中,设置文字的字体为"Aria",颜色为"白色",大小为"60",如图 4-32 所示。

执行"文件"|"新建元件"命令,新建一个图形元件,名称为"视窗"。单击"工具箱"|"椭圆"按钮,设置"边框"为无,"填充"为白色,在场景中画一个无边的正圆形,如图 4-33 所示。

3. 创建动画

单击时间轴右上角的"场景 1"按钮,切换到主场景。在本例的主场景 1 中共有两个图层,这是从下向上一层一层地进行制作的,如图 4-34 所示。

(1)创建被遮罩层。将"图层 1"重新命名为"文字"。从库中把"happy birthday"的元件拖到场景中,在第 50 帧处添加普通帧。这一层起显示文字的作用。

多媒体技术应用

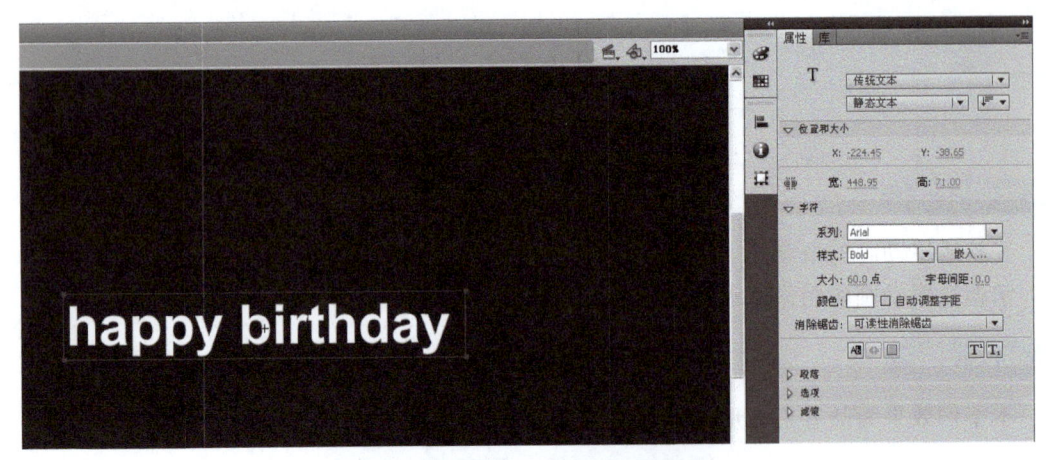

图 4-32 新建"happy birthday"图形元件

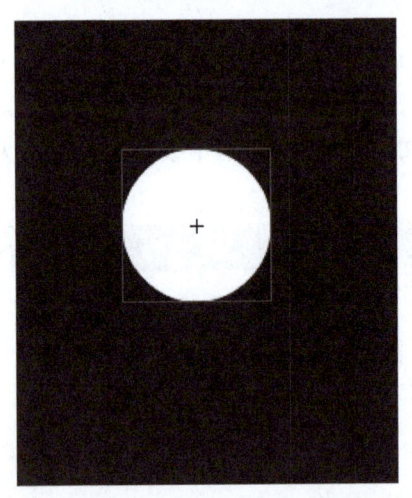

图 4-33 新建"视窗"图形元件

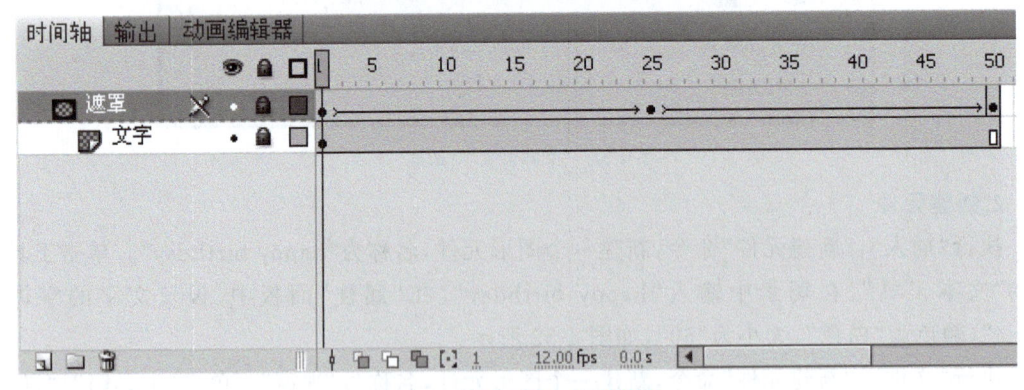

图 4-34 "视窗显示文字"的图层

(2)创建遮罩层。新建一个图层,并重命名为"遮罩"图层,从库里把"视窗"元件拖到场景中,放在"happy birthday"元件实例的左边。选择工具箱中的"任意变形工具",调整图形元件的大小和位置,在第 25、50 帧处添加关键帧,在第 25 帧处把"视窗"元件实例拖到"happy birthday"元件实例的右边,在第 50 帧处把"视窗"元件实例拖回到"happy birthday"元件实例的左边,分别在第 1 帧和第 25 帧处建立传统补间动画,如图 4-35 所示。

图 4-35 创建"遮罩"层动画

用鼠标右击"遮罩"图层，选择"遮罩层"，设置此层为遮罩层，如图 4-36 所示。这一层的作用是用"视窗"做遮罩元素，用它控制"文字"图层在场景中出现的大小和位置。

图 4-36 创建遮罩层动画

至此，就已经创建好了"视窗显示文字"这个动画，如图 4-37 所示。

图 4-37 "视窗显示文字"运行效果

4.4.2 相关知识

1.遮罩动画的概念

我们常常看到很多具有眩目效果的 Flash 作品,而其中不少就是用最简单的"遮罩"完成的,如水波、万花筒、百叶窗、放大镜、望远镜等。

(1)什么是遮罩

遮罩动画是 Flash 中的一个很重要的动画类型,很多效果丰富的动画都是通过遮罩动画来完成的。在 Flash 的图层中有一个遮罩图层类型,为了得到特殊的显示效果,可以在遮罩层上创建一个任意形状的"视窗",遮罩层下方的对象可以通过该"视窗"显示出来,而"视窗"之外的对象将不会显示。

(2)遮罩的主要作用

在 Flash 动画中,"遮罩"主要有两种用途:一是用在整个场景或一个特定区域,使场景外的对象或特定区域外的对象不可见;另一个作用是用来遮住某一元件的一部分,从而实现一些特殊的效果。

2.创建遮罩的方法

(1)创建遮罩

在 Flash 中没有一个专门的按钮来创建遮罩层,遮罩层其实是由普通图层转化而来的。只要在某个图层上单击鼠标右键,在弹出的菜单中选择"遮罩层",该图层就会成为遮罩层,"层图标"就会从普通层图标 变为遮罩层图标 ,系统会自动把遮罩层下面的一层关联为"被遮罩层"。在缩进的同时图层图标变为 ,如果想关联更多层被遮罩,只要把这些层拖到被遮罩层下面就行了。

(2)构成遮罩和被遮罩层的元素

遮罩层中的图形对象在播放时是看不到的,遮罩层中的内容可以是按钮、影片剪辑、图形、位图、文字等,但不能使用线条。如果一定要用线条,可以将线条转化为"填充"。

被遮罩层中的对象只能通过遮罩层中的对象被看到。在被遮罩层中,可以使用按钮、影片剪辑、图形、位图、文字、线条。

(3)遮罩中可以使用的动画形式

可以在遮罩层、被遮罩层中分别或同时使用形状补间动画、动作补间动画、引导线动画等动画手段,从而遮罩动画变成一个可以施展无限想象力的创作空间。

4.5 路径引导动画制作

案例目标

掌握创建引导路径动画的方法。
掌握应用引导路径动画的技巧。

模块 04
Flash 动画设计

> **案例说明**

在前面几个案例中,已经介绍了一些动画效果,如飞机在天空飞过、透明视窗移动露出文字等。这些动画的运动轨迹都是直线的,可是在生活中,有很多运动是弧线或不规则的,如月球围绕地球旋转、鱼儿在大海里遨游等,在 Flash 中能不能做出这些效果呢?答案是肯定的,这就是"引导路径动画"。

将一个或多个层链接到一个运动引导层,使一个或多个对象沿同一条路径运动的动画形式被称为"引导路径动画",这种动画可以使一个或多个元件完成曲线或不规则运动。

本案例为宇宙中一个运动的星球沿着椭圆轨迹围绕另一个星球运动的引导路径动画。

4.5.1 完成过程

1.新建文档

(1)设置影片文档属性。执行"文件"|"新建"命令,新建一个影片文档,设置舞台尺寸为 560 像素×300 像素,背景色为黑色。

(2)创建背景图层。执行"文件"|"导入"|"导入到舞台"命令,导入"模块 4 素材\宇宙背景.bmp"图片作为背景,右击"背景"图层的第 60 帧,插入帧。如图 4-38 所示。

图 4-38 导入宇宙背景

2.创建元件

创建"星球"元件。执行"插入"|"新建元件"命令,新建一个图形元件,名称为"星球"。如图 4-39 所示。

3.创建动画

单击时间轴右上方的"编辑场景"按钮,选择"场景 1",切换到主场景中。

本案例场景中共有 3 个图层,最下面的图层是图片背景,在前面已经建好了。现在从最后

多媒体技术应用

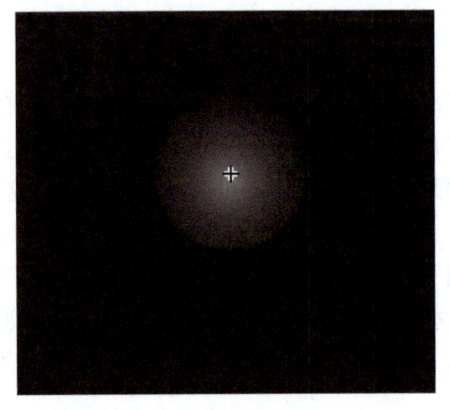

图 4-39 "星球"元件

第 2 层开始向上叙述，请随时参考图 4-40。

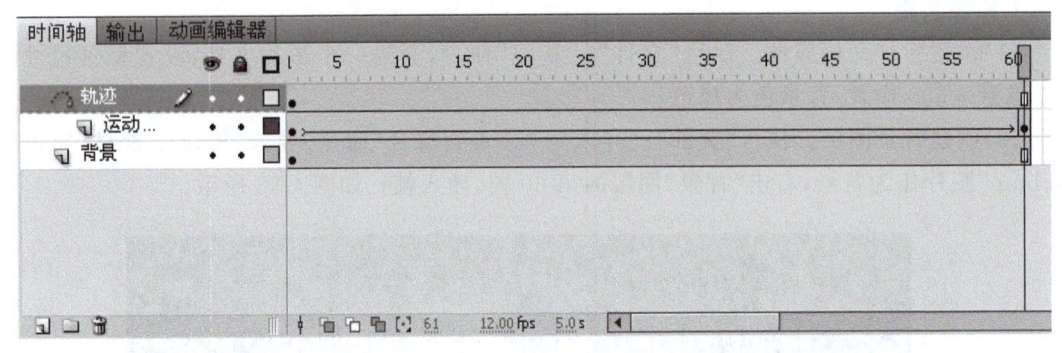

图 4-40 动画的图层

（1）创建"运动的星球"层。在"背景"图层上再插入一个新图层并命名为"运动的星球"。在"运动的星球"图层中，把库中名为"星球"的元件拖到场景中间，并调整大小和位置。

（2）创建"轨迹"层。右击"运动的星球"层，选择"添加引导层"，此时"运动的星球"层自动变为缩进的被引导层。新建的"引导层"改名为"轨迹"图层，如图 4-41 所示。选定"轨迹"图层的第 1 帧，绘制一个无填充的椭圆，然后用"橡皮工具"擦去一块以改变其封闭状态。如图 4-42 所示。

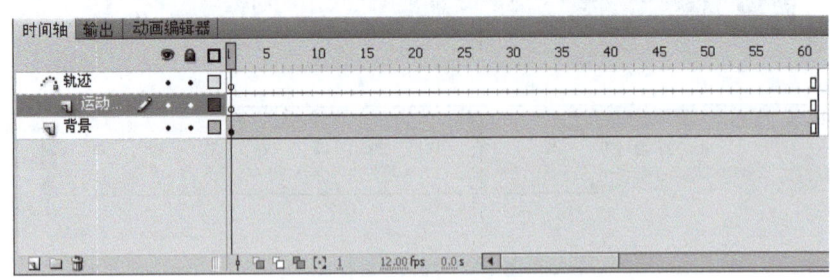

图 4-41 添加运动引导层的时间轴

（3）编辑"运动的星球"层。选定第 1 帧，单击工具箱中的"贴紧至对象" 按钮，将"星球"元件拖到轨迹"椭圆"的一个起始端，"中心点"一定要对准"引导线"的端头，如图 4-43 所示。在第 60 帧插入关键帧，将"星球"元件拖到轨迹"椭圆"的另一个起始端，在第 1、60 帧间建立传统补间动画。动画的运行结果如图 4-44 所示。

图 4-42 绘制的轨迹

图 4-43 "运动的星球"图层的第 1 帧

图 4-44 动画的运行结果

4.5.2 相关知识

1.创建引导路径动画的方法

（1）创建引导层和被引导层

一个最基本的"引导路径动画"由两个图层组成，上面一层是"引导层"，它的图层图标为 ，下面一层是"被引导层"，图标为 。

在普通图层上单击时间轴面板中的"添加运动引导层" 按钮，该层的上面就会添加一个引导层，同时该普通层缩进成为"被引导层"，如图 4-45 所示。

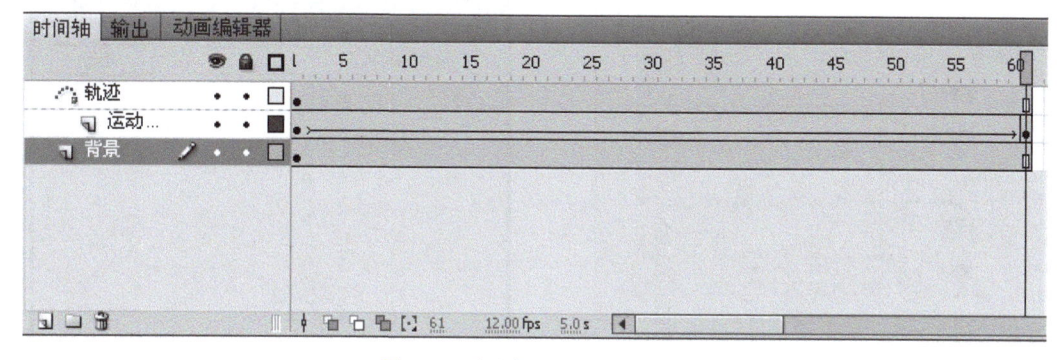

图 4-45 引导路径动画的主要图层

（2）引导层和被引导层中的对象

引导层是用来指示元件运动路径的，所以"引导层"中的内容可以是用钢笔、铅笔、线条、椭圆工具、矩形工具或画笔工具等绘制出的线段。

多媒体技术应用

而"被引导层"中的对象是跟着引导线走的,可以使用影片剪辑、图形元件、按钮、文字等,但不能应用形状。

由于引导线是一种运动轨迹,不难想象,"被引导"层中的最常用的动画形式是传统补间动画,当播放动画时,一个或数个元件将沿着运动路径移动。

(3)向被引导层中添加元件

"引导路径动画"最基本的操作就是使一个运动物体"附着"在"引导线"上。所以操作时特别得注意"引导线"的两端,被引导的对象起始、终点的两个"中心点"一定要对准"引导线"的两个端头。这一点非常重要,是引导线顺利运行的前提。

2.应用引导路径动画的技巧

(1)"被引导层"中的对象在被引导运动时,还可以做更细致的设置,比如运动方向,在"属性"面板上,选中"调整到路径"复选框,对象的基线就会调整到运动路径。而如果选中"贴紧"复选框,元件的注册点就会与运动路径对齐,如图4-46所示。

(2)引导层中的内容在播放时是看不见的,利用这一点,可以单独定义一个不含"被引导层"的"引导层"。该引导层中可以放置一些文字说明、元件位置参考等,此时,引导层的图标为 。

(3)在做引导路径动画时,单击工具箱中的"贴紧至对象" 按钮,可以使"对象附着于引导线"的操作更容易成功,拖动对象时,对象的中心会自动吸附到路径端点上。

(4)过于陡峭的引导线可能使引导动画失败,平滑圆润的线段才有利于引导动画的成功制作。

(5)向被引导层中放入元件时,在动画开始和结束的关键帧上,一定要让元件的注册点对准线段的开始和结束的端点,否则无法引导。如果元件为不规则形,可以单击工具箱中的"任意变形工具",调整注册点。

(6)如果想解除引导,可以把被引导层拖离"引导层"或在图层区的被引导层上单击右键,在弹出的菜单上选择"属性",在对话框中选择"一般",作为正常图层类型,如图4-47所示。

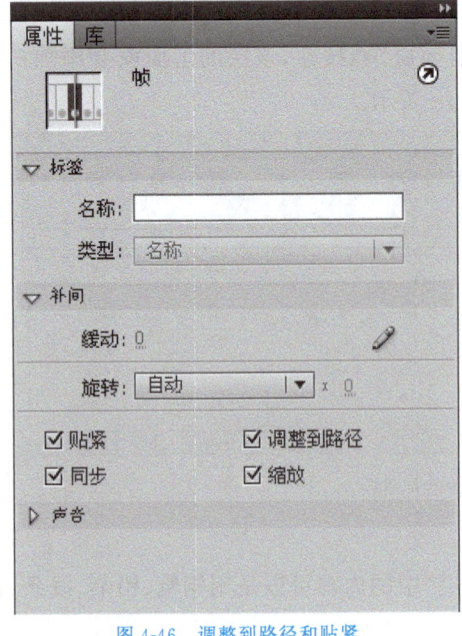

图4-46 调整到路径和贴紧　　　　　图4-47 "图层属性"对话框

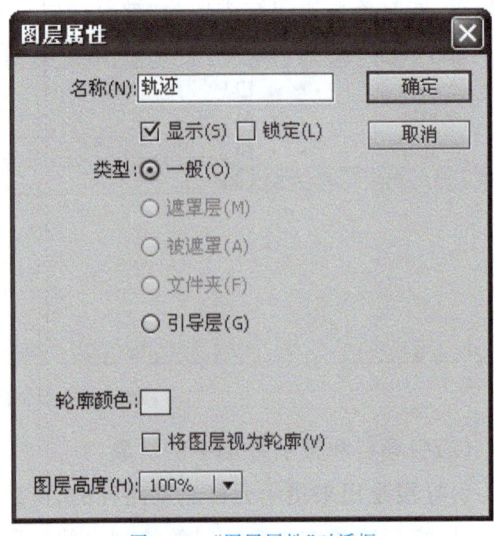

(7)如果想让对象做圆周运动,可以在"引导层"画一根圆形线条,再用"橡皮擦工具"擦去一小段,使圆形线段出现2个端点,再把对象的起始、终点分别对准端点即可。

(8)引导线允许重叠,比如螺旋状引导线,但在重叠处的线段必须保持圆润,让 Flash 能辨认出线段走向,否则会使引导失败。

经验指导

1.在文本编辑时,对于输入的文本,除了可以使用"任意变形工具"对其进行变形操作外,还可以为其添加滤镜,从而美化文本。此外,还可以按快捷键 Ctrl+B 将文本分离为矢量图形,然后使用"选择工具"任意调整其形状。

2.在 Flash 动画中,每一个图层都拥有独立的时间轴,可以在不同的图层上制作动画的不同部分。

3.图形元件的时间轴是附属于主时间轴的,并与主时间轴同步,因此,将带有动画片段的图形元件实例放在主场景的舞台上时,必须在主时间轴上插入与动画片段等长的普通帧,才能完整播放动画;而影片剪辑的时间轴是独立的,即使主时间轴只有1帧,也可以完整播放其中的内容。

4.在传统补间动画和补间动画的开始帧和结束帧中只能有一个补间对象。其中,传统补间动画的创造对象只能是元件实例,补间动画的创建对象可以是元件实例或文本,而形状补间动画的创建对象只能是分离的矢量图形。

5.创建引导路径动画时,位于被引导层中的对象将沿着用户在引导层中绘制的引导线运动。要注意的是,一定要将对象的变形中心吸附到引导线上,此外,引导线的转折点过多、转折处的线条转弯过急、中间出现中断或交叉重叠现象,都可导致 Flash 程序无法准确判定对象的运动路径,导致引导失败。

拓展训练

训练4-1 动画制作——"保护环境"

训练要求:

美丽的地球是生物赖以生存的资源,所以我们要保护地球,保护环境。综合应用形状补间动画和传统补间动画的方法制作该动画。

(1)在"文档设置"对话框中设置文件大小为 900 像素×500 像素,背景颜色为白色。

(2)将"背景"图片导入场景中。

(3)通过绘制圆形和调整"Alpha"值创建水珠。

(4)把文字转为形状取代水珠。

(5)设置文字形状到水珠形状的转变。

(6)将"水珠"图层创建形状补间动画。

(7)测试动画。

动画播放效果如图 4-48～图 4-50 所示。

图 4-48　动画运行效果

图 4-49　动画第 80 帧效果

图 4-50　创建形状补间动画的效果

训练 4-2　　电子贺卡制作——"生日快乐"

训练要求：

这是一个将元件、实例应用于逐帧动画中的综合训练项目。其中先将背景、文字、"心"形图案、男孩、笼子、影子创建为元件；再将"祝你生日快乐"创建为变动的文字影片剪辑元件、将"心"形图案元件创建为变动的心影片剪辑元件；分别编辑不同的动画内容图层；最后生成动画。

(1)在"文档设置"对话框文件大小为 300 像素×400 像素，背景颜色为白色。

(2)创建背景元件。

(3)分别创建"祝""你""生""日""快""乐"文字元件。

(3)创建"心""男孩""笼子""影子"元件。

(5)创建变动的心影片剪辑元件。

(6)编辑动画主场景。

(7)编辑"笼子"图层。

(8)测试动画。

该动画播放效果如图 4-51 所示。

图 4-51　动画播放效果

各元件效果如图 4-52～图 4-60 所示。

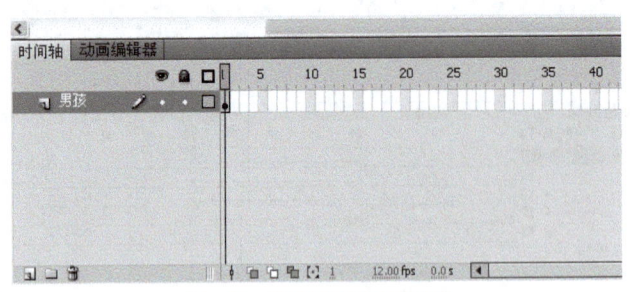

图 4-52 "心"图形元件效果　　图 4-53 "男孩"图形元件效果

图 4-54 "笼子"图形元件效果　　图 4-55 "影子"图形元件效果

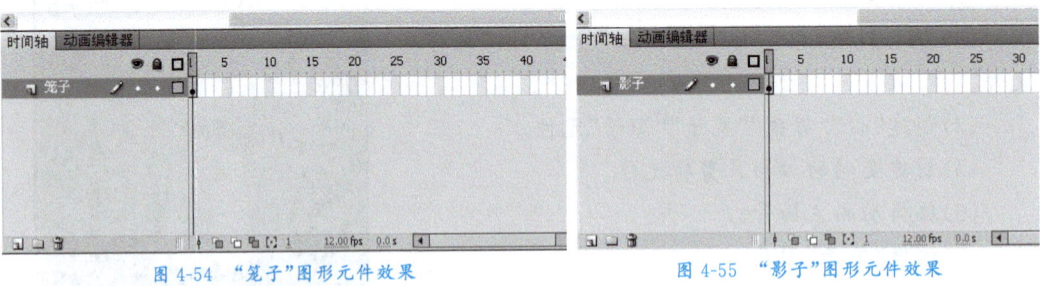

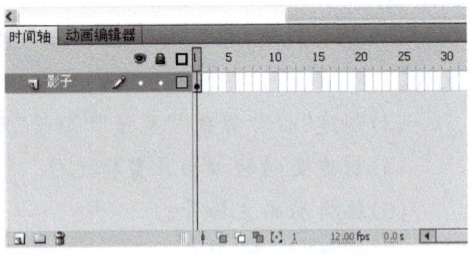

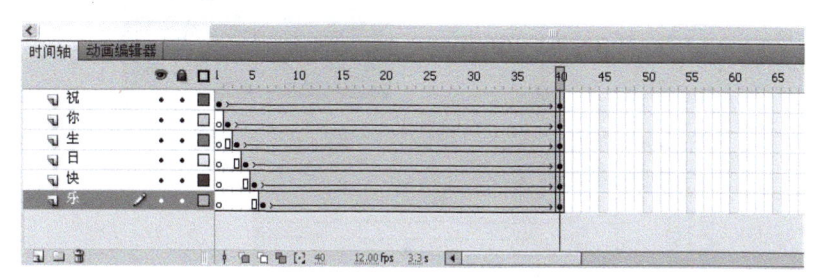

图 4-56 "乐"图层效果

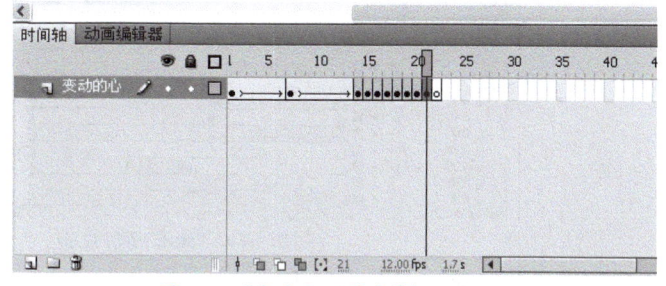

图 4-57 选中状态下鸽子图案效果

图 4-58 "变动的心"影片剪辑元件效果

图 4-59 "男孩"图层效果

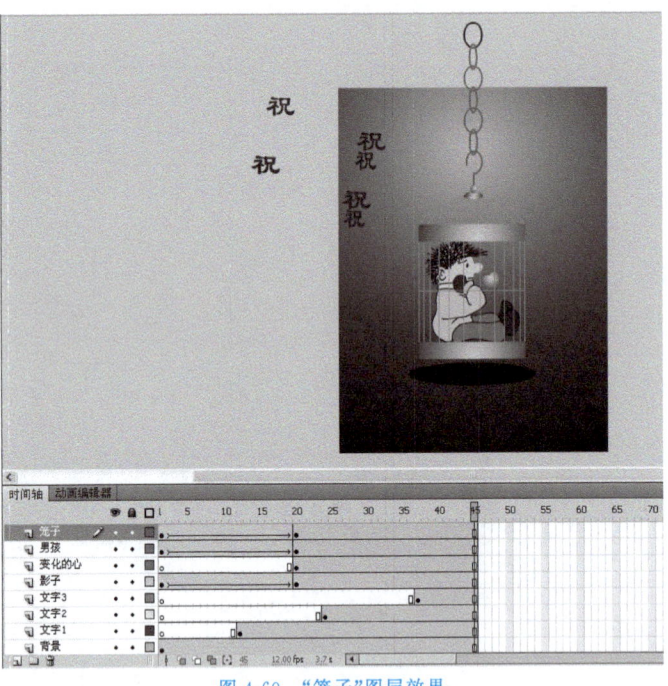

图 4-60 "笼子"图层效果

完整动画的时间轴如图 4-61 所示。

图 4-61 动画的时间轴

模块 05　数字视频处理技术

教学目标

通过滚动字幕效果制作、为素材添加切换效果、为视频添加滤镜特效和电子相册制作四个案例的学习,掌握有关数字视频的基本知识,掌握数字视频编辑处理的方法与技巧。

教学要求

知识要点	能力要求	关联知识
Adobe Premiere Pro CS6 基本操作	掌握	视频文件格式 素材的采集、导入与管理
视频制作	掌握	视频转场 视频特效 字幕与字幕特技 音频特效 文件输出

5.1　滚动字幕效果制作

案例目标

1. 掌握滚动字幕效果制作方法。
2. 掌握视频文件格式。

3.了解 Adobe Premiere Pro CS6 视频编辑软件的用户操作界面。

案例说明

滚动字幕效果被广泛应用于电视节目、广告制作、电影剪辑等视频编辑中,可以使用 Premiere Pro CS6 非线性编辑软件进行滚动字幕效果制作,在准备阶段需要整理好制作的整体思路,要确定字幕的大小、样式和滚动的速度,确定帧的位置及要出现内容的先后顺序。

5.1.1 完成过程

1.启动 Adobe Premiere Pro CS6 后,弹出如图 5-1 所示的欢迎画面,在欢迎画面中单击"新建项目"按钮,弹出"新建项目"对话框,如图 5-2 所示。

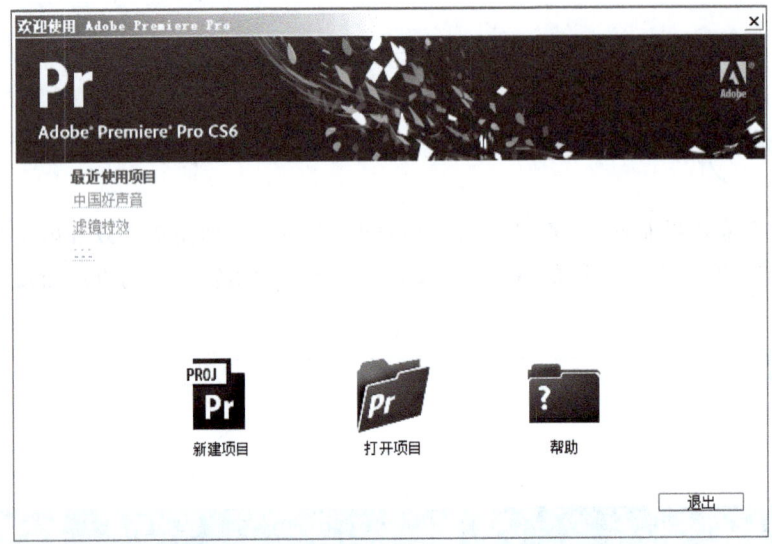

图 5-1　Adobe Premiere Pro CS6 欢迎界面

图 5-2　"新建项目"对话框(1)

2.在"新建项目"对话框中的"名称"文本框中输入文件的名称,在"位置"中选择文件保存位置,单击"确定"按钮,打开"Adobe Premiere Pro CS6"窗口。

3.执行"文件"|"新建"|"字幕"菜单命令,打开"新建字幕"对话框。在"名称"文本框中输入新建字幕的名称,单击"确定"按钮,打开"字幕"窗口。

4.单击字幕工具中的 工具,在字幕编辑区域中拖曳鼠标创建一个文本线框,输入滚动文字内容。在"字幕样式"面板中选取一种样式,在"字幕属性"面板中设置文本的字体与字号等。如图5-3所示。

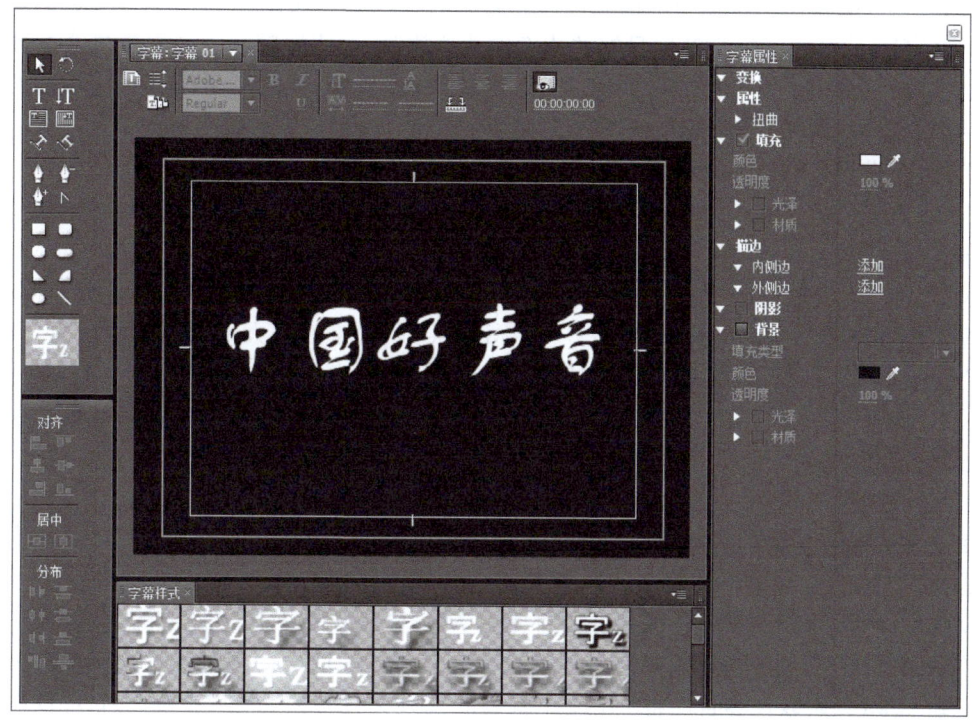

图5-3 文本及文本属性设置

5.单击"字幕"窗口中的 按钮,弹出"滚动/游动选项"对话框,设置相应参数,如图5-4所示,单击"确定"按钮。这样就制作了一个从屏幕外由下向上滚动的滚动字幕效果。

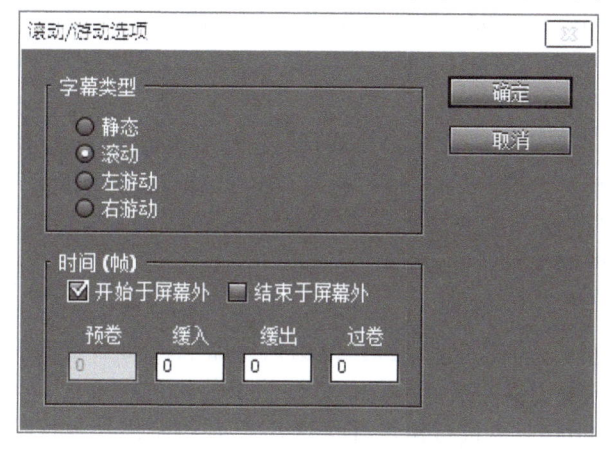

图5-4 "滚动/游动选项"对话框

5.1.2 相关知识

1.数字视频基础

传统视频信息是连续变化的影像,其图像和声音信息都是用连续的电子波形表示的,而计算机中通过视频卡捕捉的录像机、电视机、摄像机或视频播放机播放的影像信息或是用数码摄像机直接获取的影像信息则是数字视频信息,是以数字方式记录图像信息的。

(1)视频基本知识

视频(Video)是由一幅幅单独的画面序列组成的,这些单独的画面就是组成视频的基本单元,称为帧(Frame)。当视频帧以足够的速度连续播放时,这些视频帧的画面效果会叠加在一起,在人眼的观察角度就会形成一种连续活动的效果,这就是"视觉暂留"现象,这本是人眼功能的一个弱点,却被巧妙地用于观察动态影像。

目前,全世界正在使用3种电视制式,它们分别是PAL、NTSC和SECAM。

PAL(Phase-Alternative Line,简称P制)是德国在1962年制定的,其帧率为每秒25帧,每帧625行。德国、英国等一些西欧国家以及中国、朝鲜等国家采用这种制式。

NTSC(National Television Systems Committee,简称N制,彩色电视制式),是1952年美国国家电视标准委员会定义的彩色电视广播标准,美国、加拿大等大部分西半球国家、日本等采用NTSC制,帧率为每秒30帧,每帧525行。

SECAM(Sequential Color Avec Memoire,彩色电视广播标准),是由法国制定的,称为顺序传送彩色与存储制。法国及东欧国家采用这种制式。

(2)视频文件格式

目前在多媒体计算机中常用的数字视频有MPEG、AVI、AVS、MOV、RM等。

①MPEG/MPG/DAT格式

MPEG/MPG/DAT类型的视频文件都是由MPEG编码技术压缩而成的,被广泛应用于VCD/DVD和HDTV的视频编辑与处理等方面。其中,VCD内的视频文件由MPEG1编码技术压缩而成(刻录软件会自动将MPEG1编码的视频文件转换为DAT格式),DVD内的视频文件则由MPEG2压缩而成。

②AVI格式

AVI(Audio Video Interleave)是1992年初由微软公司研发的视频格式,其优点是允许影像的视频部分和音频部分交错在一起同步播放,调用方便、图像质量好;缺点是文件体积过于庞大。

③MOV格式

这是由Apple公司研发的一种视频格式,是基于QuickTime音/视频软件的配套格式。在MOV格式刚刚出现时,该格式的视频文件仅能在Apple公司所生产的Mac机上进行播放。此后,Apple公司推出了基于Windows操作系统的QuickTime软件,MOV格式也逐渐成为使用较为频繁的视频文件格式。

④RM/RMVB格式

这是按照Real Networks公司制定的音/视频压缩规范而创建的视频文件格式。其中,RM格式的视频文件只适于本地播放,而RMVB除了能够进行本地播放外,还可通过互联网进行流式播放,从而使用户只需进行极短时间的缓冲,便可不间断地长时间欣赏影视项目。

2.数字视频处理

下面从视频的采集和视频的编辑两个方面介绍数字视频处理。

(1)视频的采集

数字视频包括了运动的图像和声音,由于其数据量大并且具有实时性,因而对处理数字视频数据的软、硬件平台要求都很高。此外,由于数字视频源主要是模拟视频信号,因此在视频的模/数或数/模的转换过程中,数据的质量不仅取决于计算机的软、硬件平台,还与模拟视频设备以及信号源的性能有关。

(2)视频的编辑

在影视技术的发展过程中,视频的后期制作经历了"物理剪辑"、"电子编辑"和"数码编辑"等发展阶段。如今,随着非线性编辑软件的出现,引入了磁盘记录和存储、图形用户界面(GUI)和多媒体等新的技术和手段,使视频的后期制作迈向了数字化方向。

常用的视频编辑软件有:Adobe 公司的 Premiere,Ulead 公司的 Media Studio 和 Video Studio。

3.数字视频编辑软件 Adobe Premiere Pro CS6

随着数字化技术的发展与应用,Adobe 公司的 Premiere Pro CS6 数字视频制作软件不仅使影视制作技术发生了革命性的变化,也使影视项目的制作、传输和播放进入了全新的数字时代。

如图 5-5 是 Adobe Premiere Pro CS6 软件的启动界面。

图 5-5　Adobe Premiere Pro CS6 的启动界面

(1)Adobe Premiere Pro CS6 功能简介

Adobe Premiere Pro CS6 是一款功能强大的数字视频非线性编辑软件。它集模拟编辑系统的最佳特性和数字编辑所固有的精确控制特性于一身,能够对视频、声音、图片、动画和文本等进行编辑加工,并最终生成影视作品。

Adobe Premiere Pro CS6 建立了在 PC 上编辑数码视频的新标准,经过重新设计,能够满足那些需要在紧张的时限和更少的预算下进行创作的视频专业人员的应用需求。Premiere Pro CS6 的最大特点是使用多轨的视频和声音来合成和编辑各种动态影像文件。

（2）Adobe Premiere Pro CS6 主要窗口介绍

①Premiere Pro CS6 主窗口

执行"开始"|"程序"|"Adobe Premiere Pro CS6"命令，弹出如图 5-6 所示的欢迎界面。单击"新建项目"按钮，建立一个新的项目文件。

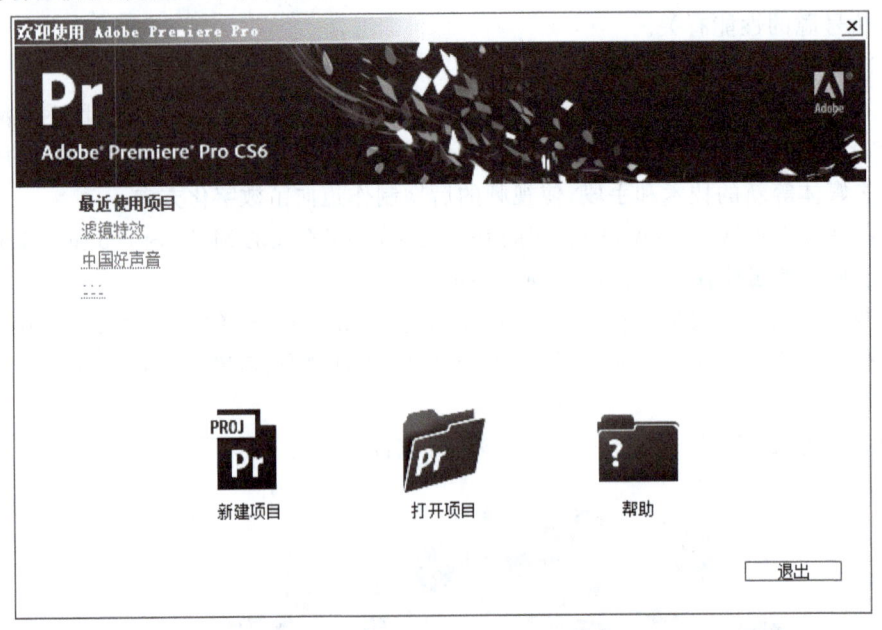

图 5-6　Adobe Premiere Pro CS6 欢迎界面

随后弹出如图 5-7 所示的"新建项目"对话框，在该对话框中可以对新建项目文件进行预先设置。在"名称"文本框中输入项目的名称，如"中国好声音"，然后单击"浏览"按钮，选择需要存储的路径。设置完毕，检查无误后单击"确定"按钮就可以创建一个空白的项目了。

图 5-7　"新建项目"对话框(2)

在刚创建的空白项目中，工作区内的窗口和面板可能比较混乱，用户可以使用系统预设的不同的工作界面。如执行"窗口"|"工作区"|"重置当前工作区"命令，工作区面板将按系统预制重新安排，如图 5-8 所示，它主要由项目窗口、监视器窗口、时间线窗口、历史面板、信息面板等组成，可以根据需要调整窗口的位置或关闭窗口，也可通过窗口菜单打开更多的窗口。

图 5-8　Premiere Pro CS6 主窗口

②项目窗口

项目窗口是用来管理素材的地方，在项目窗口中用户可查看素材的名称、帧速率、视频出/入点、素材长度等众多素材信息，如图 5-9 所示。

图 5-9　项目窗口(1)

项目窗口通常分为上部的预览区、中间的剪辑区以及底部的工具栏三部分。其中预览区用于快速浏览在剪辑区中被选中的剪辑，剪辑区用来管理所使用的各种剪辑，工具栏中给出与项目窗口管理和外观相关的实用工具。如果要查看剪辑信息，则在剪辑区中选中相应的剪辑，预览区中将出现该剪辑的预览窗口并显示出该剪辑的详细信息，包括文件名、文件类型、持续时间等。也可单击预览区底部的"播放"按钮或进度条来播放剪辑。

在项目窗口左下角有一排功能按钮，通过这些功能按钮，可以对项目窗口进行相应的功能及素材管理设置。单击 按钮，可以切换到列表模式。在列表模式中，可以显示媒体类型、文件名称、视频尺寸和持续时间、音频尺寸和持续时间，是信息提供比较全面的一种显示模式。

所谓"素材"，是指未经剪辑的视频、音频片段。视频影像采集到计算机中形成的视频文件基本上都需要二次加工。将素材导入项目窗口的方式有三种：一是执行"文件"|"导入"命令，

可导入 Premiere Pro CS6 能够识别的素材文件；二是用鼠标在剪辑区内空白处双击，导入素材；三是在剪辑区内空白处右击，在弹出的菜单中选择"导入"命令，也可以导入素材文件。

③时间线窗口

时间线窗口是 Adobe Premiere Pro CS6 中最为重要的一个窗口，它是一个基于时间轴的窗口，大部分编辑工作都在这里进行，如把视频片段、静止图像、声音等素材组合起来，如图 5-10 所示。下面介绍常见界面上各个部分的名称以及相关的功能。

图 5-10　时间线窗口(1)

- 向时间线窗口输入素材

将鼠标放在项目窗口中的素材图标上，将该素材拖动到时间线窗口的"视频 1"轨道上，并使得素材的始端与轨道的左端对齐。重复上述操作，将另外几个素材拖入时间线窗口。单击每个轨道左侧的"设定显示风格"按钮，在弹出的如图 5-11 所示的菜单中选择显示模式。

图 5-11　设定显示风格

在时间线窗口中，可以用鼠标拖动素材来移动素材的位置，并且如果一次性编辑的素材较多时，为了便于编辑，可将素材置于不同的轨道，如图 5-12 所示。此外，根据需要，应该将素材的首尾相连，因为如果首尾有间隔，将会出现黑屏。可以通过多种方法设置素材的首尾连接，在这里就不一一介绍了。

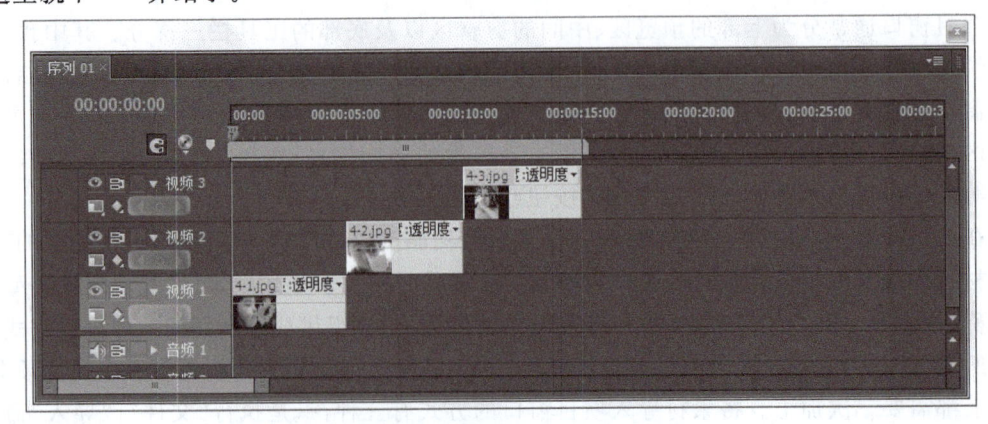

图 5-12　将素材置于不同的轨道

- 剪裁素材

a.在时间线窗口中，可以利用"时间标尺"上的"当前时间指示器"与"监视器"相结合来对视频片段进行剪裁。用鼠标拖动"时间标尺"上的"当前时间指示器"，同时打开"监视器"窗口，在"监视器"窗口中预览视频片段至需要裁切的位置，此时该位置处有红色分隔线指示。

b.执行"窗口"|"工具"命令，打开编辑工具面板，如图 5-13 所示。

图 5-13　编辑工具面板

c.在编辑工具面板中选择"剃刀工具"，然后将鼠标移动至红色指示线的位置单击，该视频片段即被裁切成两段。

d.在编辑工具面板中选择"选择工具"，选择裁切后的第二段视频片段，右击该片段，弹出如图 5-14 所示的快捷菜单，在菜单中执行"波纹删除"命令，此片段即被删除。执行"波纹删除"命令删除片段后，Adobe Premiere Pro CS6 可以自动向前拖动后面相邻的片段，将两个不相邻的片段拼接在一起，填补剪裁后留下的空白。

图 5-14　利用"波纹删除"命令删除片段

- 对轨道操作

利用视频和音频轨道左侧的控制区（图 5-15），可以对轨道进行一系列的操作，如设定轨道风格、固定轨道输出、锁定轨道、缩小/扩张轨道、显示关键帧等。在轨道控制区空白处右击，可以进行添加轨道、重命名轨道、删除轨道等操作，如图 5-16 所示。

图 5-15　轨道控制区　　　　图 5-16　轨道编辑菜单

- 复制、粘贴素材，与 Windows 中的操作基本一致。
- 此外，通过"缩放工具"，可以缩放轨道中片段的显示尺寸，从而有利于进行编辑修改操作。

④监视器窗口

监视器窗口可以用来播放某个剪辑片段，或者播放整个视频项目。同时，在监视器窗口中还可以设置片段的切出点和切入点，图 5-17 就是 Adobe Premiere Pro CS6 中的"监视器"窗口。下面介绍"监视器"窗口上各个部分的名称以及相关的功能。

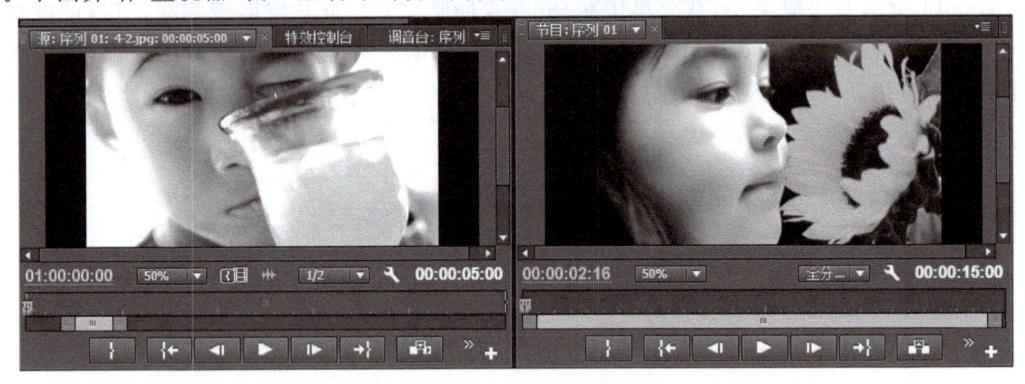

图 5-17　监视器窗口

- 左侧是来源窗口：可以播放剪辑项目、剪辑库和时间线中的单个剪辑。
- 右侧是项目窗口：主要用来播放和编辑时间线窗口中的视频项目和预览项目等。

另外，单击"监视器"窗口右上角三角按钮，弹出"监视器窗口"菜单，如图 5-18 所示。可以设置视频质量、显示方式等。

⑤信息面板

信息面板显示了所选剪辑或过渡的一些信息。如果要将剪辑拖到时间线窗口，则可在信息面板中观察开始和结束时间的改变。该面板中显示的信息随媒体类型和当前活动窗口等因素的变化而不断变化。例如，当选择时间线窗口中的一段素材或者"项目"窗口中的一个剪辑时，该控制面板中将显示完全不同的信息，如图 5-19 所示。

⑥历史记录面板

历史记录面板提供了强大的撤销功能，这使得用户可以尽情地发挥自己的创作能力，强大的撤销功能可以使用户返回到前面任意一处重新进行创作。如果返回到前面的某一点，则位于该点下面的操作将变暗，如果重新进行编辑，则变暗的操作步骤将被系统自动删除。当然，也可以使用该面板右下角的垃圾桶工具，如图 5-20 所示，或者选择历史纪录面板菜单中的"删除项目分项"命令，删除操作步骤。每次改变项目的某部分时，项目的当前状态都将加入该控制面板中。

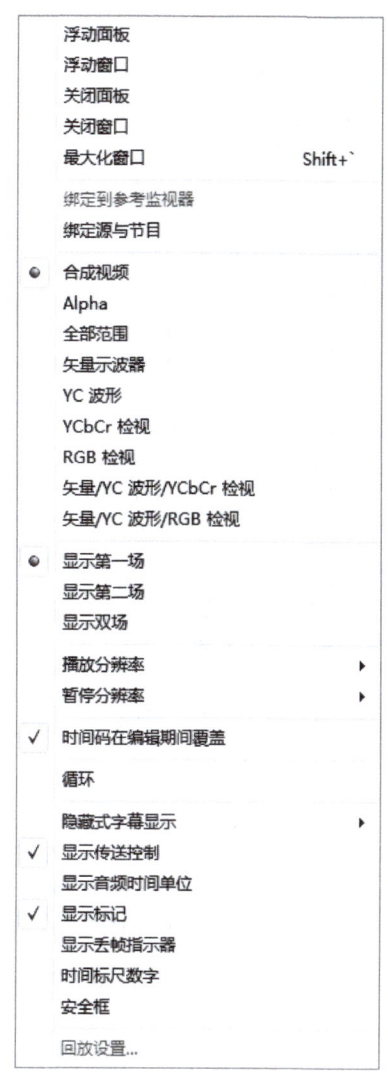

图 5-18 "监视器窗口"菜单

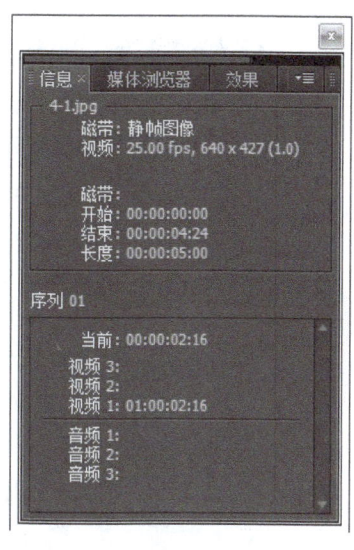

图 5-19 信息面板

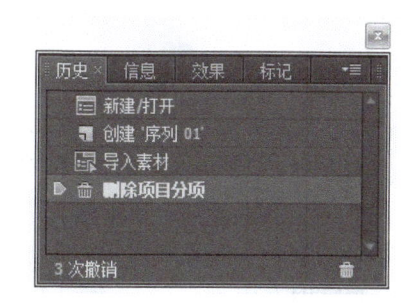

图 5-20 历史记录面板

⑦使用调音台控制面板

Adobe Premiere Pro CS6 的调音台工具是一个专业的、完善的音频混合工具，它看起来就像演播室中使用的声音控制台。利用该工具可以混合多个音频轨道，调整增益以及进行声音的左右摇摆。同时调音台又是和监视器窗口相关联的，当使用该工具调试声音的时候，对应的视频画面将同时在监视器窗口中演播，这样就可以直接体验合成后的效果。

使用调音台面板，能在收听音频和观看视频的同时调整多条音频轨道的音量等级以及摇摆/均衡度。Adobe Premiere Pro CS6 使用自动化过程来记录这些调整，然后在播放剪辑时再应用它们。调音台面板就像一个音频合成控制台，为每一条音轨都提供了一套控制台。每条音轨也根据时间线窗口中的相应音频轨道进行编号。使用鼠标拖动每条轨道的音量淡化器可调整其音量。如图 5-21 所示。

(3)字幕特效

字幕是影视剧本制作中一种重要的视觉元素。从大的方面来讲，字幕包括了文字和图形这两部分。漂亮的字幕设计制作，将会给影视作品增色不少。因此，掌握字幕效果的运用是利

图 5-21　调音台面板

用 Adobe Premiere Pro CS6 编辑影片的重要手段。

鉴于字幕使用的广泛性，Adobe Premiere Pro CS6 全新设计了制作字幕的利器——字幕设计器。它集成了各种排版控制，包括文字轮廓、行距、字符间距和基线位移等。在 Adobe Premiere Pro CS6 中还预设了很多模板，可以支持静止画面布局、翻滚和慢进，还可以根据自己的喜好制作多姿多彩的文字样式。

①字幕设计的方法

目前在 Premiere 中建立字幕的方法主要有以下三种：

- 直接在 Adobe Premiere Pro CS6 中利用字幕工具建立中文字幕。
- 在 Photoshop 中建立含有文字的图片，当然其背景应为蓝色或者含有 Alpha 通道，然后再输入 Premiere 中利用 Blue Screen(蓝屏)键控效果或者 Alpha 通道效果实现字幕叠加。
- 在 3ds Max 等三维动画软件中生成三维动画字幕，并保存为 TGA 等格式的图片序列，然后将其输入 Adobe Premiere Pro CS6 中。

②字幕窗口

在 Adobe Premiere Pro CS6 中，所有字幕都是在字幕窗口中完成的。执行"文件"|"新建"|"字幕"命令，打开"新建字幕"对话框。如图 5-22 所示。

在"名称"文本框中可以使用默认的字幕名称"字幕 01"，也可以输入新建字幕的名称，单击"确定"按钮，打开"字幕"窗口。如图 5-23 所示。

利用"字幕"窗口左侧的字幕工具，可以创建各种样式的标题文本、绘制简单的几何图形和设置图形效果等。"字幕"工具如图 5-24 所示。

图 5-22 "新建字幕"对话框(1)

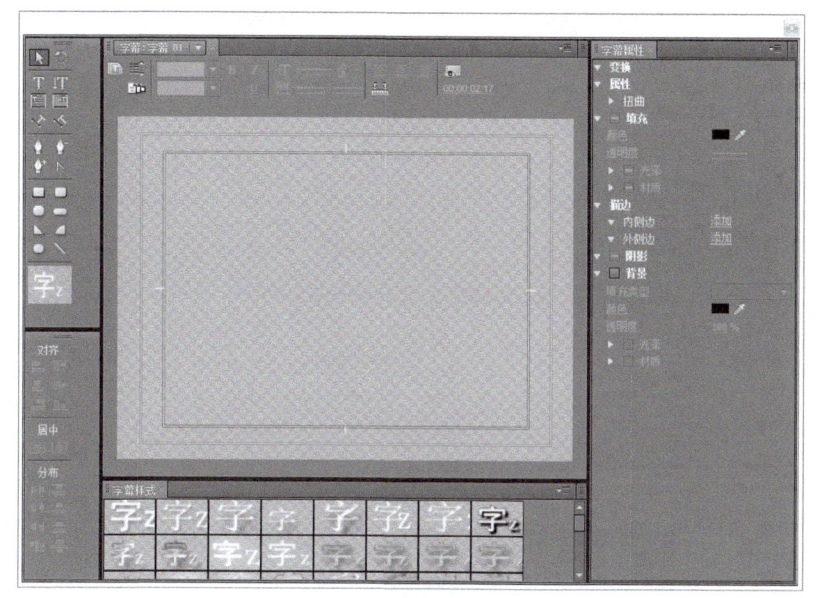

图 5-23 字幕窗口(1)

图 5-24 "字幕"工具

5.2 为素材添加切换效果

案例目标

掌握切换效果的使用方法。

案例说明

切换效果也称为转场,主要用来处理一个场景转到另一个场景的情形,切换分为两种:硬切和软切。硬切是指在一个场景完成后紧接着另一个场景,其间没有引入转场特效。软切是相对于硬切而言的,是指在一个场景完成后运用某一种转场特效过渡到下一个场景,从而使转场变得自然流畅。

5.2.1 完成过程

1.启动 Adobe Premiere Pro CS6 后,在欢迎画面中单击"新建项目"按钮。

2.在"新建项目"对话框中的"载入预置"选项卡中选择 DV-PAL 下的标准 48 kHz,在位置和名称文本框中输入文件保存的位置和文件的名称,单击"确定"按钮,打开"Adobe Premiere Pro CS6"窗口。

3.执行"文件"|"导入"命令,打开"导入"对话框。选择"5-1.jpg"和"5-2.jpg"素材,如图 5-25 所示,将素材导入项目窗口中,如图 5-26 所示。

图 5-25 "导入"对话框(1)

图 5-26 项目窗口(2)

4.分别将素材"5-1.jpg"和"5-2.jpg"拖曳到"时间线"窗口中的"视频 1"轨道上。如图 5-27 所示。

5.在效果窗口的"视频切换"下拉列表中选择"3D 运动"过渡效果文件夹中的"帘式"效果,如图 5-28 所示,并将该过渡效果拖到时间线窗口中两个素材的连接处,如图 5-29 所示。所添加的过渡效果跨越两段素材的起始和结尾,在添加过渡效果这段时间内,可以同时显示两个素材的某些局部画面,逐渐由前一素材过渡到后一个素材。在默认情况下,过渡效果持续时间比较短,过渡效果不明显,可以通过调节过渡效果的持续时间来增强过渡效果。

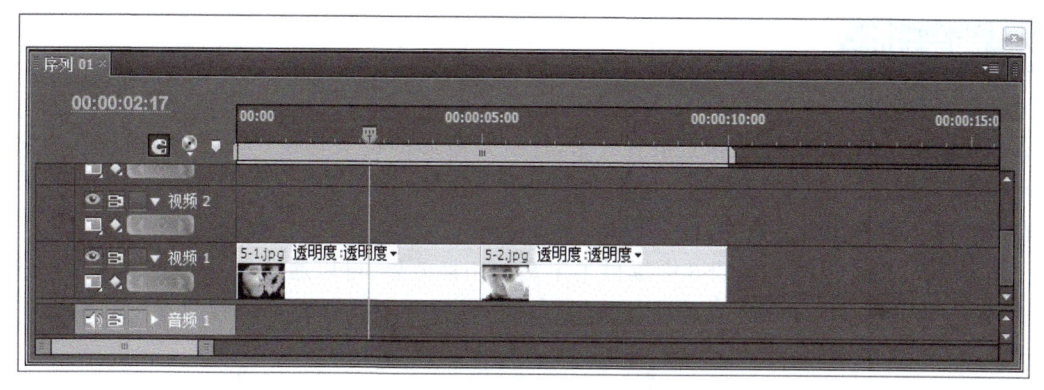

图 5-27 时间线窗口(2)

图 5-28 效果窗口(1)

图 5-29 为素材添加过渡效果

6.调节完过渡效果的时间长度后,在监视器窗口中预览所添加的过渡效果。当时间标尺上的指示器位于两个素材交界处时,效果如图 5-30 所示。这样就为素材添加了视频切换效果。

5.2.2 相关知识

应用切换效果

一段视频结束,另一段视频紧接着开始,这就是电影的镜头切换,为了使切换衔接自然或更加有趣,可以使用各种过渡效果,过渡在影视中又称转场,它作为一种镜头间的切换方式,可以增强影视作品的艺术感染力。

在 Adobe Premiere Pro CS6 中提供了丰富的切换效果,可以通过在视频效果窗口中选择一个切换效果,制作由一个场景转场过渡到另一个场景的切换效果。视频效果窗口如图 5-31 所示。

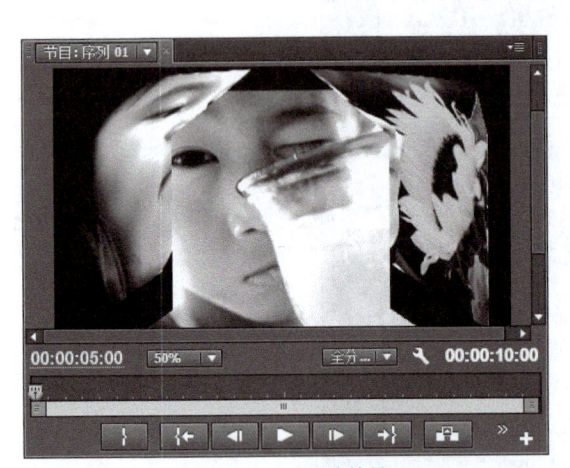

图 5-30　帘式过渡效果　　　　　　　　图 5-31　效果窗口(2)

5.3 为视频添加滤镜特效

案例目标

掌握为视频添加滤镜特效的方法。

案例说明

Adobe Premiere Pro CS6 提供了大量的滤镜效果,通过这些滤镜,用户可以随心所欲地创作出各种引人入胜的画面效果。

5.3.1 完成过程

1.启动 Adobe Premiere Pro CS6 后,在欢迎画面中单击"新建项目"按钮。

2.在"新建项目"对话框中的"载入预置"选项卡中选择 DV-PAL 下的标准 48 kHz,在"位置"和"名称"文本框中输入文件保存的位置和文件的名称,单击"确定"按钮,打开"Adobe Premiere Pro CS6"窗口。

模块 05
数字视频处理技术

3.执行"文件"|"导入"命令,打开"导入"对话框。选择本案例中的素材"DMT01.avi",如图 5-32 所示,将素材导入项目窗口中,如图 5-33 所示。

图 5-32 "导入"对话框(2)

图 5-33 项目窗口(3)

4.将素材"DMT01.avi"拖曳到"时间线"窗口中的"视频 1"轨道上。如图 5-34 所示。

图 5-34 时间线窗口(3)

5.在效果窗口的"视频特效"下拉列表中选择"生成"文件夹中的"镜头光晕"效果,如图 5-35 所示,并将该特效拖到时间线窗口中的素材文件上,在效果控制窗口中进行参数设置,

135

如图 5-36 所示。在监视器窗口中单击播放按钮,可以看到视频特效效果。这样就为视频添加了镜头光晕滤镜特效。

图 5-35　效果窗口(3)

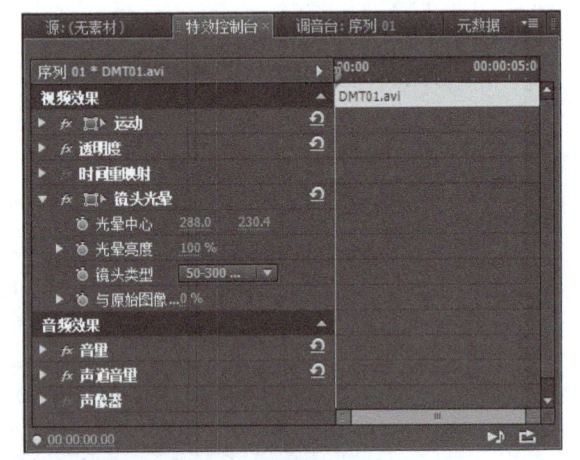

图 5-36　镜头光晕参数设置

5.4　电子相册制作

案例目标

1．掌握添加各种视频特效的基本方法。
2．掌握添加转场特效的基本方法。

案例说明

电子相册以艺术摄像的各种手法,较完美地展现出了相片的精彩瞬间,同时给人们带来欢乐及美好的回忆。本案例使用 Adobe Premiere Pro CS6 制作电子相册,使学生掌握视频制作过程中添加各种视频特效及添加转场特效的方法,制作出具有个性的视频作品。

5.4.1　完成过程

1．建立新项目与字幕素材

(1)启动 Adobe Premiere Pro CS6 后,如图 5-37 所示,在欢迎画面中单击"新建项目"按钮,弹出"新建项目"对话框,如图 5-38 所示。

(2)在"新建项目"对话框中的名称文本框中输入文件保存的位置和文件的名称"儿童电子相册",单击"确定"按钮,打开"Adobe Premiere Pro CS6"窗口。

(3)执行"文件"|"新建"|"字幕"命令,打开"新建字幕"对话框,如图 5-39 所示。在"名称"文本框中输入新建字幕的名称,单击"确定"按钮,打开字幕窗口。

模块 05
数字视频处理技术

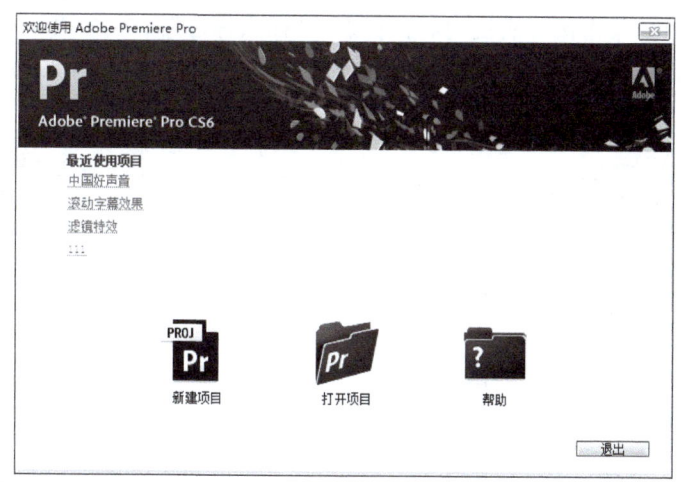

图 5-37 欢迎画面

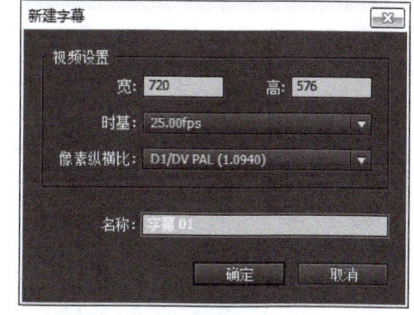

图 5-38 "新建项目"对话框(3)   图 5-39 "新建字幕"对话框(2)

(4)单击"字幕工具"中的"矩形工具",在字幕窗口左边拖曳鼠标创建矩形,填充一种颜色,RGB 值为(20,10,210)。如图 5-40 所示。

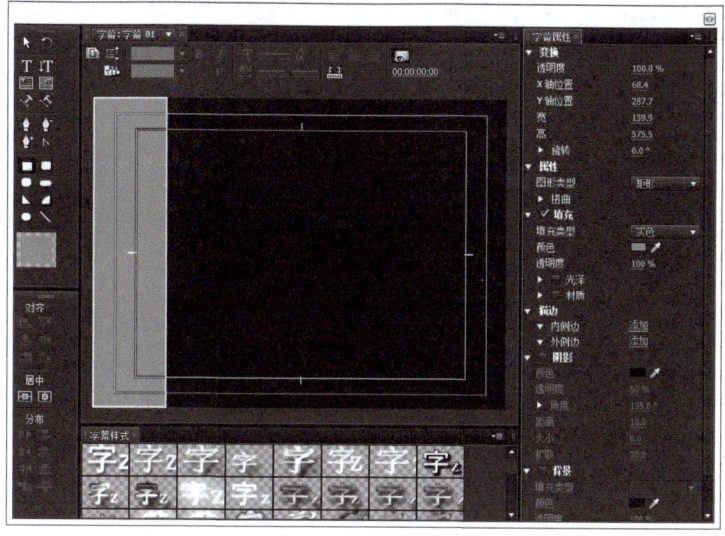

图 5-40 创建矩形

137

(5)在字幕窗口中单击鼠标右键,执行"标志"|"插入标志"命令,打开"导入图像为标记"对话框,如图 5-41 所示,选择"001.psd"。单击"打开"按钮导入图像,调整位置与大小。如图 5-42 所示。

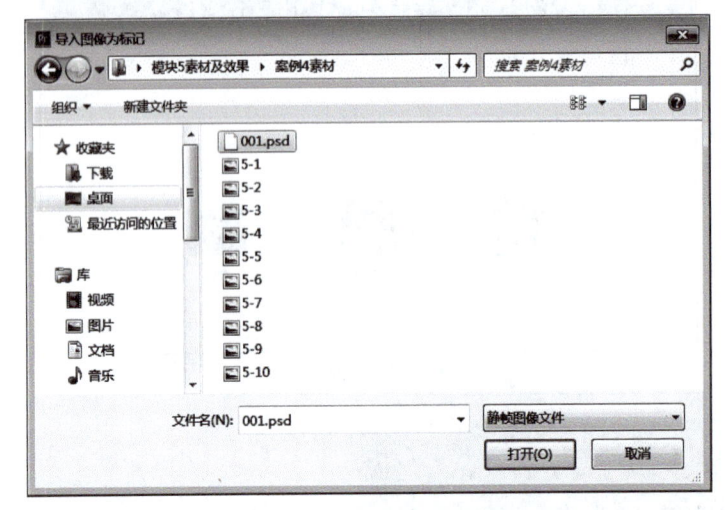

图 5-41 "导入图像为标记"对话框

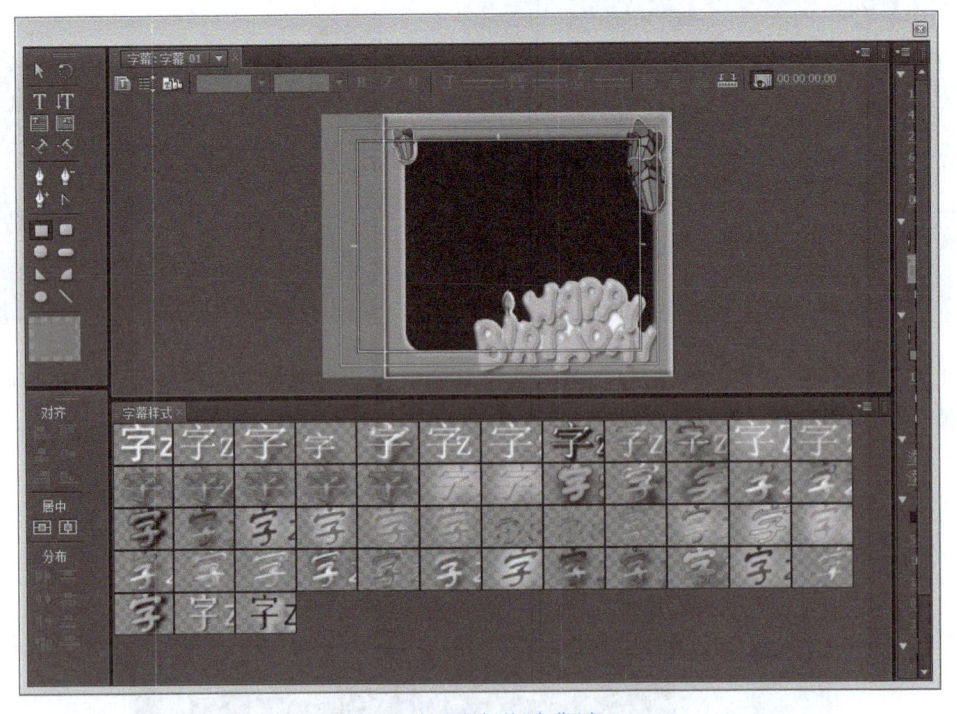

图 5-42 插入相框的"字幕"窗口

(6)单击字幕窗口中的"关闭"按钮,关闭"字幕"窗口,返回"Adobe Premiere Pro CS6"窗口,在项目窗口中就会自动加入"字幕01"字幕。如图 5-43 所示。

(7)创建字幕 02,内容为儿童电子相册,位置如图 5-44 所示。关闭字幕窗口,返回"Premiere Pro CS6"窗口,在项目窗口中就会自动加入"字幕 02"字幕。如图 5-45 所示。

图 5-43　项目窗口"字幕 01"

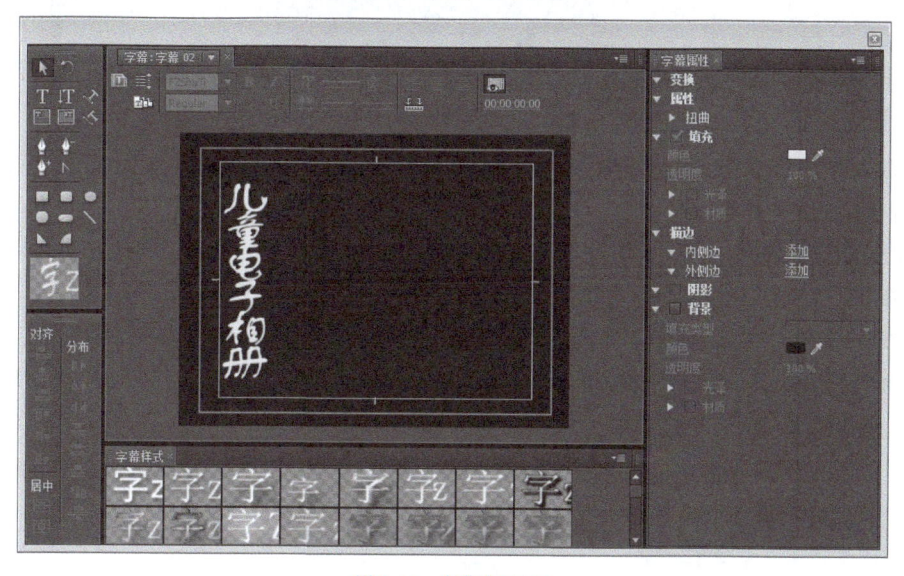

图 5-44　字幕窗口(2)

图 5-45　项目窗口"字幕 02"

2. 制作字幕滚动效果

(1)将"项目"窗口中的"字幕01"和"字幕02"分别拖曳到时间线窗口中的"视频 2"轨道和"视频 3"轨道上,并设置视频长度为 50 秒。如图 5-46 所示。

图 5-46 时间线窗口中的"字幕 01"和"字幕 02"

(2)在效果窗口中打开"视频特效"下拉列表,将"变换"文件夹中的"垂直保持"特效拖曳到时间线窗口中的"字幕 02"素材上。

3. 建立素材文件夹

(1)在项目窗口中单击 按钮,建立一个名为"图片"的文件夹,如图 5-47 所示。

(2)在文件夹上右击,选择"导入"命令,打开"导入"对话框,导入素材"5-1.jpg"至"5-10.jpg",如图 5-48 所示。返回 Premiere Pro CS6 界面,在项目窗口中的"图片"文件夹中就会自动载入"5-1.jpg"至"5-10.jpg"素材文件。如图 5-49 所示。

图 5-47 在项目窗口建立的"图片"文件夹

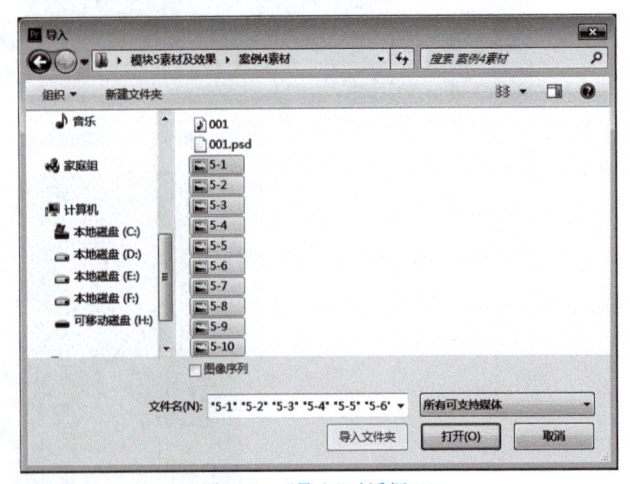

图 5-48 "导入"对话框(3)

(3)在项目窗口的空白处单击,将素材"001.mp3"导入项目窗口中,如图 5-50 所示。

图 5-49　载入"5-1.jpg"至"5-10.jpg"图片素材　　图 5-50　素材文件夹中"001.mp3"导入项目窗口中

4.制作视频特效

(1)将项目窗口中的图片文件夹拖曳到时间线窗口中的"视频 1"轨道上,素材"5-1.jpg"至"5-10.jpg"就依次排列在"视频 1"轨道上,然后将项目窗口中的"001.mp3"拖曳到"时间线"窗口中的"音频 1"轨道上,如图 5-51 所示。分别选择素材"5-1.jpg"至"5-10.jpg",打开特效控制台窗口,从中设置"运动"选项中的"位置"和"缩放"参数,调整素材图片的位置和大小。

图 5-51　时间线窗口(4)

(2)为便于制作过渡特效,在时间线窗口中将播放头调整到 3 秒的位置,然后用工具面板中的剃刀工具,沿着播放头标记线单击,将"5-1.jpg"素材片段分割成两段。

(3)打开效果窗口,在"视频特效"中"模糊"文件夹中的"方向模糊"特效拖曳到时间线窗口中后面一段"5-1.jpg"素材上,在特效控制台窗口中将播放头调整到 3 秒 10 帧的位置,单击"方向"和"长度"前的 按钮,添加关键帧并设置参数。

(4)将播放头调整到 5 秒 24 帧的位置,修改"方向"和"长度"的值。在该帧处就会自动添加关键帧,为该素材创建过渡效果。

(5)用同样的方法,对其他 9 个素材进行设置。

5.添加切换效果

(1)在效果窗口中打开"视频切换"下拉列表,选择"3D 运动"文件夹中的"立方旋转"效果,将其拖曳到时间线窗口中的两个"5-1.jpg"素材之间,用同样的方法为其他的素材之间添加转场效果。

(2)单击工具面板中的 工具,在时间线窗口中选择"音频 1"轨道,在时间线窗口中将播放头调整到 60 秒的位置,单击工具面板中的"剃刀工具" ,沿着编辑线标记单击,将音乐素材文件"001.mp3"分割成两段,删除后面一段。

(3)执行"文件"|"输出"|"影片"命令,将其输出为视频文件。至此,儿童电子相册就制作完成了。

5.4.2 相关知识

1.应用视频特效

使用过 Photoshop 的人不会对滤镜效果感到陌生,通过各种特技滤镜可以对图片素材进行加工,为原始图片添加各种各样的特效。Adobe Premiere Pro CS6 中也能使用各种视频及音频滤镜,其中的视频滤镜能产生动态的扭曲、模糊、风吹、幻影等特效,这些变化增强了影片的吸引力。滤镜主要由视频滤镜和音频滤镜组成。

视频滤镜指的是一些由 Adobe Premiere Pro CS6 封装的程序,它专门处理视频中的像素,按照特定的要求实现各种效果。可以使用滤镜修补视频和音频素材中的缺陷,比如改变视频剪辑中的色彩平衡。也可以使用音频滤镜给在录音棚中录制的对话添加配音或者回声等。

2.影片的生成与输出

Adobe Premiere Pro CS6 可以对影片进行特效的生成,也可以将添加各种效果的素材片段编辑制作后,输出到指定的介质或区域中。

Adobe Premiere Pro CS6 以项目为基础制作影片,项目记录了用户在 Adobe Premiere Pro CS6 中所做的全部编辑信息,例如素材信息、编辑信息、效果信息等。一般情况下,在 Adobe Premiere Pro CS6 中制作影片将按以下流程进行。

(1)建立一个新项目。

(2)准备素材,包括素材采集与素材导入。

(3)在时间线窗口中装配和编辑素材。

(4)在监视器窗口中编辑和观看素材。

(5)对时间线窗口中的素材添加过渡和效果。

(6)为影片添加字幕。

(7)预演影片。

(8)输出影片。

经验指导

1. 除了在监视器和时间线窗口中对素材片段和时间线进行基本的编辑操作外,可以使用标记起到帮助定位素材片段的作用。
2. 可以将一个序列作为素材片段插入其他的序列中,这种方式叫作嵌套。
3. 使用多摄像监视器可以从多摄像机中编辑素材,以模拟现场摄像机转换。

拓展训练

训练 5-1 世界雕塑观赏

训练要求:

使用图片素材进行短片的制作,便画面具有层次感,添加背景音乐并保存。

(1) 启动 Adobe Premiere Pro CS6 后,创建一个新项目,设置模式为 DV-PAL,并以"世界雕塑观赏"命名。

(2) 执行"文件"|"导入"命令,打开"导入"对话框,将拓展训练中的"00.jpg"~"10.jpg"导入项目窗口。

(3) 在"项目"窗口中选中素材"00.jpg",单击鼠标右键,选择"速度/持续时间"命令,打开"速度/持续时间"对话框,将时间改为"00:00:30:00"。

(4) 用同样的方法,将"01.jpg"~"10.jpg"的持续时间改为 4 秒。

(5) 将素材拖入时间线上。

(6) 创建字幕,并设置阴影。

(7) 将创建的字幕拖放到时间线上。

(8) 在时间线上,选中"00.jpg"并单击鼠标右键,选择"画面大小与当前画幅比例适配"命令。

(9) 选中时间线上的"01.jpg",打开特效控制台窗口,单击"位置"前的切换动画按钮,在"00:00:00:00"处设置其位置为(−230,200),比例为 30。

(10) 将时间线移到"00:00:03:00"处,设置其位置为(520,400),同时在该时间上为透明度属性添加一个关键帧。

(11) 将时间线移到"00:00:04:00"处,设置"01.jpg"的透明度为 0,其他参数不变。

(12) 使用同样的方法,为"02.jpg"~"10.jpg"素材也添加上类似的运动效果。

(13) 导入"001.mp3"音频素材并将其拖入音频"轨道 1"上,将时间线移到 30 秒处,用"剃刀工具" 沿着编辑线标记单击,将音乐素材文件"001.mp3"分割成两段,删除后面一段。

(14) 执行"文件"|"输出"|"影片"命令,将其输出为视频文件。至此,"世界雕塑观赏"视频就制作完成了。

模块 06　多媒体创作软件 Authorware 7.0 的使用

教学目标

通过欢迎屏设计、白云移动动画设计、小球的运动与停止设计、自然风景欣赏设计、看图识字设计、对号入座设计、猜字母游戏设计、美丽大自然设计、水果大餐设计和电子相册设计十个案例的学习，掌握 Authorware 各种图标的功能、基本使用方法及使用 Authorware 开发多媒体作品的一般过程，能够根据不同需要设计出具有良好创意和交互效果的程序。

教学要求

知识要点	能力要求	关联知识
显示图标	掌握	Authorware 工作界面 显示图标的使用及属性设置 程序开发的一般过程
等待图标	掌握	等待图标的使用及属性设置
擦除图标	掌握	擦除图标的使用及属性设置
移动图标	掌握	绘制和编辑图形的基本方法 移动图标的使用及属性设置 常用的移动类型 使用简单变量控制对象的移动
按钮交互	掌握	理解交互结构 按钮交互类型的使用方法
热对象交互	掌握	热对象交互类型的使用方法
下拉菜单交互	掌握	下拉菜单交互类型的使用方法
目标交互	掌握	目标交互类型的使用方法
条件交互	掌握	条件交互类型的使用方法
文本输入交互	掌握	文本输入交互类型的使用方法
框架图标	掌握	理解框架结构 框架图标的使用及其属性设置 导航图标的使用及其属性设置

6.1 "欢迎屏"设计

案例目标

1. 了解 Authorware 7.0 多媒体开发工具的用户操作界面。
2. 掌握 Authorware 7.0 开发多媒体作品的一般过程。
3. 掌握显示图标、等待图标和擦除图标的使用方法。

案例说明

"欢迎屏"程序是许多多媒体作品中一开始的程序,它会以某种特效方式显示作品的标题、相关的图像或视频,展示作品制作人或公司的名称,还会用背景音乐来吸引读者。

"欢迎屏"程序运行后,屏幕中间一幅背景图像以点式特效方式由内向外地展示出来,如图 6-1 所示。稍稍停顿后,图像以关门特效方式逐渐消失。接着在演示窗口中以开门特效方式展示"图片浏览"标题文字和一幅框架图像,如图 6-2 所示。在整个过程中一直伴有轻松的背景音乐。

图 6-1 背景图像

图 6-2 程序运行效果(1)

6.1.1 完成过程

"欢迎屏"程序结构如图 6-3 所示。程序的设计过程如下。

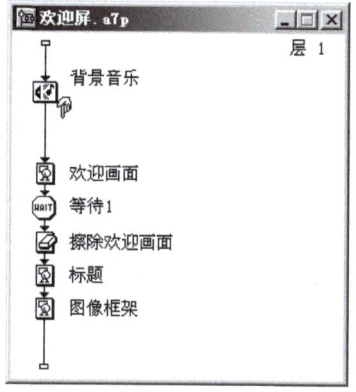

图 6-3 "欢迎屏"程序的结构

多媒体技术应用

1. 新建文件

在 Authorware 7.0 环境下,可以执行"文件"|"新建"|"文件"命令,调出"新建"对话框,单击"新建"对话框内的"取消"或"不选"按钮,关闭"新建"对话框,调出程序设计窗口,进入 Authorware 7.0 的工作环境。

2. 创建图标和图标命名

(1)将鼠标指针移到图标工具箱的图标上,将声音图标拖到流程线上,如图 6-4 所示,该图标名称默认为"未命名",处于被选中状态,此时输入新的图标名称"背景音乐",如图 6-5 所示。

图 6-4　将声音图标拖到流程线上　　图 6-5　将图标更名为"背景音乐"

(2)再在"背景音乐"声音图标下方的流程线上创建一个名称为"欢迎画面"的显示图标(这包括了上面所述的创建显示图标和给图标命名两步操作)。该图标用来展示以点式特效显示方式的一幅图像。

(3)按照上述方法,继续依次创建"等待 1"等待图标、"擦除欢迎画面"擦除图标、"标题"显示图标和"图像框架"显示图标。

> 说明:"等待 1"等待图标用来暂停 1 秒,"擦除欢迎画面"擦除图标用来以关门方式擦除"欢迎画面"图像,"标题"显示图标用来以开门方式显示"图片浏览"标题文字,"图像框架"显示图标用来以开门方式显示一幅框架图像。

3. 设置声音图标

(1)单击"背景音乐"声音图标,调出它的"属性"面板。单击该面板内的"导入"按钮,弹出"导入哪个文件?"对话框,如图 6-6 所示。在该对话框内的"查找范围"下拉列表中选择文件夹,在"文件类型"下拉列表中选择文件类型,在文件列表框中选择文件或在"文件名"文本框中输入文件的名称(如模块 6 素材\案例 1\背景音乐.mp3),再单击"导入"按钮,即可将选中的声音文件导入"背景音乐"声音图标中,如图 6-7 所示。

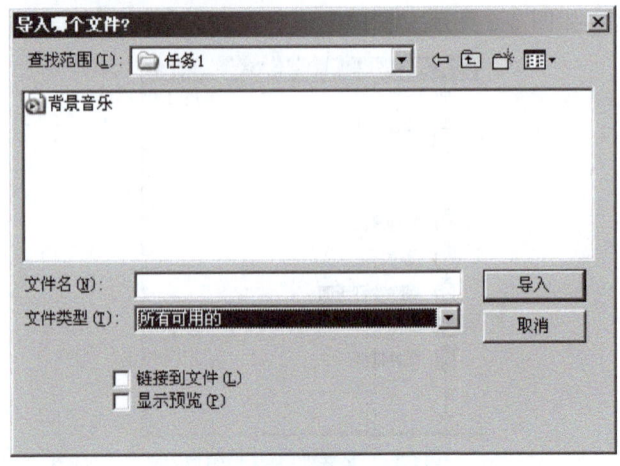

图 6-6　"导入哪个文件?"对话框(1)

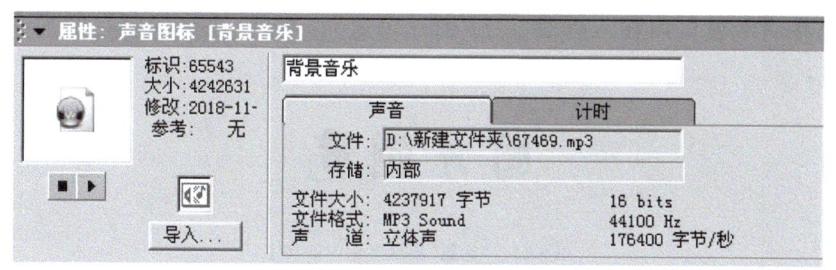

图 6-7 "属性:声音图标"面板

(2)单击"属性:声音图标"面板的"计时"标签,选择"执行方式"下拉列表中的"同时"选项,表示执行"背景音乐"声音图标的同时执行下一个图标,产生背景音乐的效果,设置如图 6-8 所示。

图 6-8 "计时"标签

4.设置显示图标

(1)双击"欢迎画面"显示图标,调出"属性:显示图标"面板,同时打开该显示图标的演示窗口,另外还会调出绘图工具箱。

(2)执行"文件"|"导入和导出"|"导入媒体"命令,弹出"导入哪个文件?"对话框,利用该对话框选择"模块 6 素材\案例 1\01.jpg"图像,再单击"导入"按钮,即可将选中的图像导入演示窗口中。

(3)用鼠标拖动演示窗口中的图像,可以移动图像。单击窗口中的图像后,图像四周会显示 8 个正方形控制柄,如图 6-9 所示,用鼠标拖曳这些控制柄,可以调整图像的大小。

(4)单击"属性:显示图标"面板内的"特效"栏右边的按钮,调出"特效方式"对话框,按照如图 6-10 所示进行设置,单击"应用"按钮,即可看到演示窗口中图像特效显示的效果。然后,单击"确定"按钮,关闭该对话框,完成图像特效显示的设置。

图 6-9 选中演示窗口中的图像 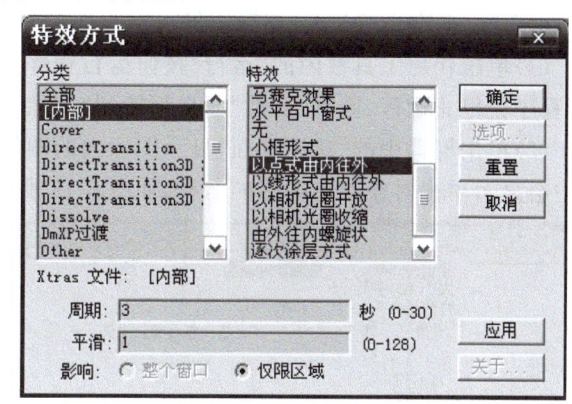   图 6-10 "特效方式"对话框设置

(5)关闭演示窗口。

(6)双击"标题"显示图标,打开"标题"显示图标的演示窗口,同时弹出绘图工具箱,使用

"文本"工具,在演示窗口内输入标题文字"图片浏览"。然后,适当调整它的大小和位置,如图 6-11 所示。

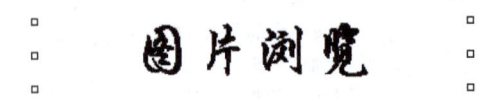

图 6-11 "标题"显示图标内的文字

(7)按照(4)所述方法,设置"标题"显示图标内图像的特效展示方式为开门方式。然后关闭演示窗口。

(8)按照(1)(2)(3)(4)所述方法,在"图像框架"显示图标内导入"模块 6 素材\案例 1\02.jpg"图像,调整它的大小和位置。再设置"图像框架"显示图标的图像的特效展示方式为开门方式。然后,将演示窗口关闭。

(9)按住 Shift 键,同时双击"标题"显示图标,打开演示窗口,同时使演示窗口中保留刚刚显示的框架图像。

用鼠标拖曳调整"标题"显示图标内的对象,使它位于框架图片的正上方。

说明:这种操作常用来调整程序,以便使某个要调整的对象定位和大小调整准确。

5.设置"等待 1"等待图标

(1)单击"等待 1"等待图标,显示"属性:等待图标"面板,如图 6-12 所示。

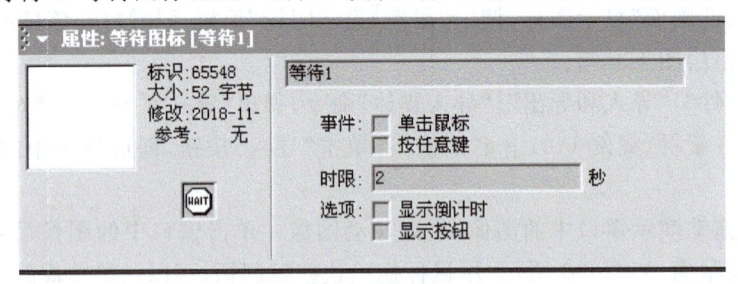

图 6-12 "属性:等待图标"面板设置

(2)不要选中任何一个复选框,在"时限"文本框中输入"2",表示等待时间为 2 秒,而且只有这一种方式(等待 2 秒)才能够退出等待。

6.设置"擦除欢迎画面"擦除图标

(1)单击快捷工具栏内的"运行"按钮运行程序。当程序运行到"擦除欢迎画面"擦除图标时,程序会停止运行,同时"属性"面板切换到"擦除欢迎画面"图标的属性面板。

(2)单击屏幕中的"欢迎画面"显示图标内的图像对象。在"属性:擦除图标"面板内的列表框中会显示单击对象所在图标的名称,如图 6-13 所示。

图 6-13 "属性:擦除图标"面板设置

(3)选中"被擦除的图标"单选按钮,表示其右边的列表框内的图标为擦除对象。
(4)单击"特效"栏中的按钮,调出"擦除模式"对话框,如图6-14所示,选择一种擦除模式。

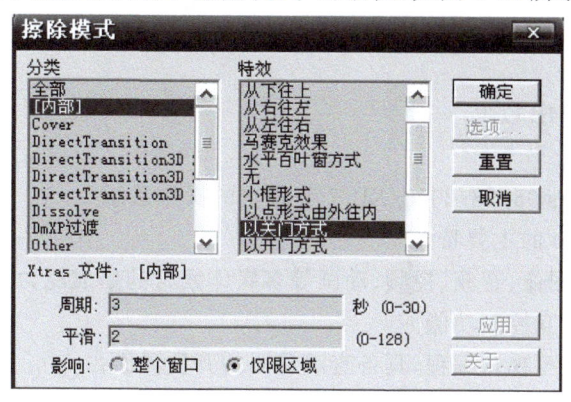

图6-14 "擦除模式"对话框

(5)关闭演示窗口。

7.运行程序和保存程序

(1)单击快捷工具栏内的"运行"按钮,可从开始处运行程序。
(2)执行"文件"|"保存"命令,将设计好的程序以名称"欢迎屏"保存,如图6-15所示。

图6-15 保存文件

6.1.2 相关知识

1.Authorware 7.0 概述

Authorware 7.0 是 Macromedia 公司出品的功能强大的多媒体创作工具,它可以将声音、文字、图像、动画和数字视频等多种多媒体信息有机地集成,从而生成丰富多彩的多媒体作品,市面上的多媒体软件产品,特别是教育类多媒体软件,很多都是用它制作完成的。Authorware 7.0 具有完全可视化的设计环境及先进的基于设计图标和流程图的程序设计方法,操作简便,不需要进行大段的程序代码编写也可以随心所欲地进行多媒体软件的设计与开发。

(1) Authorware 7.0 运行环境

硬件环境：

CPU：Pentium Ⅲ及主频为 550 MHz 以上

硬盘：10 GB 以上

内存：最好是 128 MB 以上

显存：32 MB 以上

软件环境：Windows 95/98/2000/XP/7 等版本的操作系统

(2) Authorware 7.0 的主要特点

①具有文本、图形图像、音频、视频、动画等多媒体素材的集成能力。

②具有多样化的交互控制功能。

③提供面向对象的可视化编程，具备直观易用的开发界面。

④具有强大的数据处理能力和集成能力。

⑤提供了智能化的设计模板和增强的代码编辑窗口。

⑥提供了精彩范例及强大的发行功能。

(3) Authorware 7.0 的界面

Authorware 7.0 具有可视化的设计环境及基于图标的程序设计方法，采用了 Macromedia 公司产品的通用用户操作界面，如图 6-16 所示，主要由标题栏、菜单栏、常用工具栏、图标工具栏、程序设计窗口和演示窗口等部分组成。

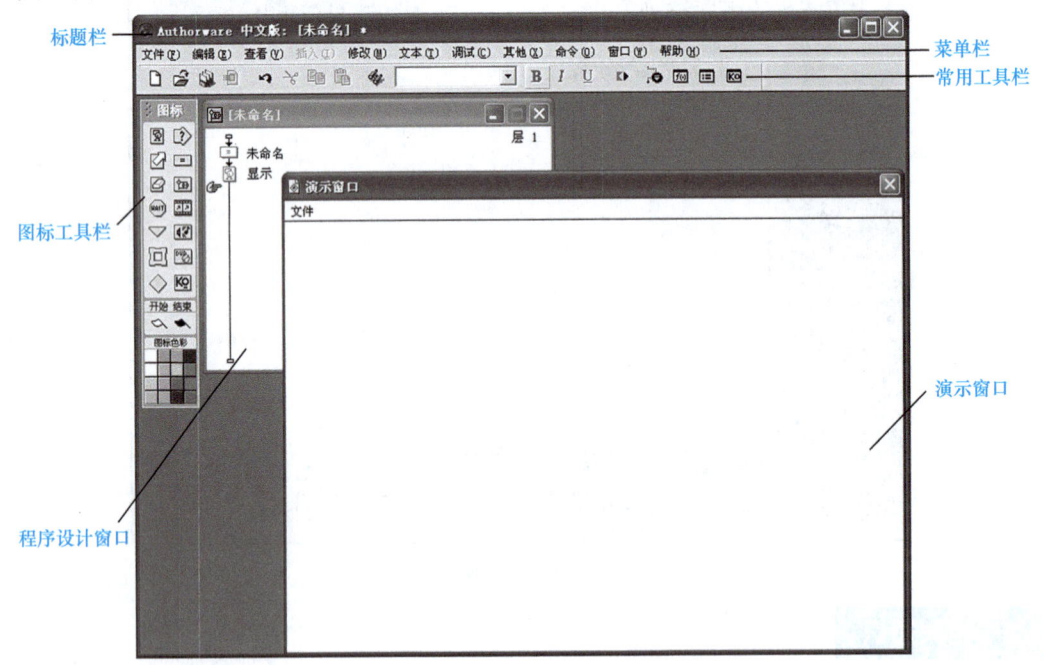

图 6-16　Authorware 7.0 的用户操作界面

(4) 菜单栏（图 6-17）

图 6-17　Authorware 7.0 菜单栏

模块 06
多媒体创作软件 Authorware 7.0 的使用

主要菜单项说明如下：

①插入菜单：主要用于在程序流程线上或演示窗口中插入对象(知识对象、图形、图像、OLE 对象及 Xtras 控件等)。

②修改菜单：主要用于对图标、文件属性、编辑对象等的设置与修改。

③文本菜单：主要提供对文本进行编辑处理的命令，包括字体、大小、颜色、样式、锯齿等。

④调试菜单：主要用于对程序的运行、调试等控制。

⑤其他菜单：主要用于库链接、拼写检查以及声音转换等。

⑥命令菜单：主要提供 Authorware 7.0 的在线资源与外挂程序的命令。

⑦窗口菜单：共分成 5 个菜单组。主要用于完成打开/关闭操作界面上的几种面板窗口。

(5)常用工具栏(图 6-18)

图 6-18　Authorware 7.0 常用工具栏

主要工具按钮说明如下：

：保存命令按钮，用于将当前打开的文件存盘。

：导入命令按钮，用于从外部导入图形、图像或文本。

：文本样式列表框，用于选择一种预定义的文本样式。

：运行命令按钮，用于运行当前打开的程序。

：控制面板命令按钮，用于控制程序的运行，可对程序进行调试。

：函数命令按钮，单击此按钮，会出现函数列表窗口以及函数的描述。

：变量命令按钮，单击此按钮，会出现变量列表窗口以及变量的描述。

：知识对象按钮，用于调出知识对象面板。

(6)图标工具栏(图 6-19)

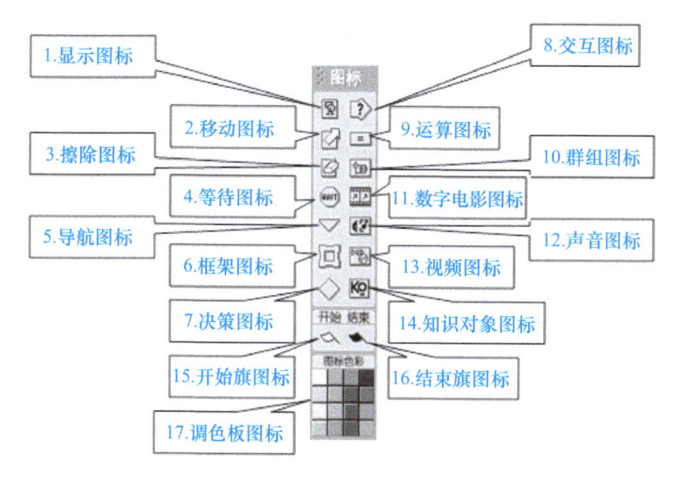

图 6-19　图标工具栏

图标作用说明如下：

①显示图标：能够以各种特殊效果显示正文、图形和图像。

②移动图标：用于移动屏幕上显示的对象，与显示图标相配合，可制作出简单的二维动画效果。

③擦除图标：能够以各种特殊效果擦除屏幕上显示的对象。

④等待图标:其作用是暂停程序的运行,直到用户按键、单击鼠标或者经过一段时间的等待之后,程序再继续运行。

⑤导航图标:实现到程序内任一页的跳转,常与框架图标配合使用。

⑥框架图标:包含了一组导航设计图标,用于建立页面系统、超文本和超媒体。

⑦决策图标:用于设置一种决策手段,不仅可以决定分支路径的执行次序,还可以决定分支路径被执行的次数。

⑧交互图标:用于提供交互接口,附属于交互图标的其他设计图标称为响应图标,它们共同构成了交互作用分支结构。

⑨运算图标:用于执行各种运算,也可以执行一个函数、计算一个表达式或设计出更复杂的脚本程序,辅助程序运行。

⑩群组图标:是一个特殊的逻辑功能图标,其作用是将一部分程序图标组合起来,实现模块化子程序的设计。

⑪数字电影图标:用于导入和播放一个数字化电影文件。

⑫声音图标:用于导入和播放声音文件。

⑬视频图标:用于控制程序中视频设备的播放。

⑭知识对象图标:用于用户自行设置知识对象。

⑮开始旗图标:用于设置程序运行的起点。

⑯结束旗图标:用于设置程序运行的终点。

⑰调色板图标:允许用户为当前选中的设计图标选择一种颜色,以区分其层次性、重要性或者特殊性,对程序的运行没有任何影响。

(7)程序设计窗口(图 6-20)

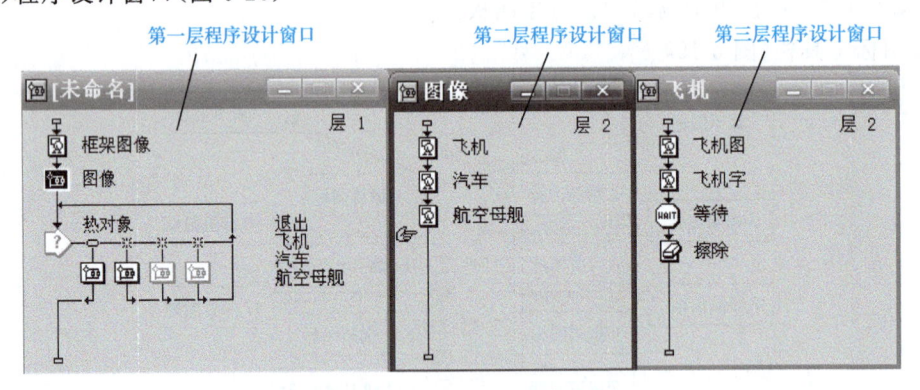

图 6-20 Authorware 7.0 的程序设计窗口

2.Authorware 7.0 文件的基本操作

利用 Authorware 7.0 创建多媒体作品大致要经过如下过程:创建新文件,插入图标,设置图标属性,编辑图标,加入文本、图像,在显示或者擦除对象时加入特技效果,利用移动图标增加动画效果,综合其他图标创建交互,建立页面和浏览结构,利用系统函数和变量完善作品功能,使用控制面板调试程序,然后保存文件,打包和发布程序。

(1)创建新文件

执行"文件"|"新建"|"文件"命令,如图 6-21 所示。

弹出如图 6-22 所示的"新建"对话框,单击"取消"按钮即可。

模块 06
多媒体创作软件 Authorware 7.0 的使用

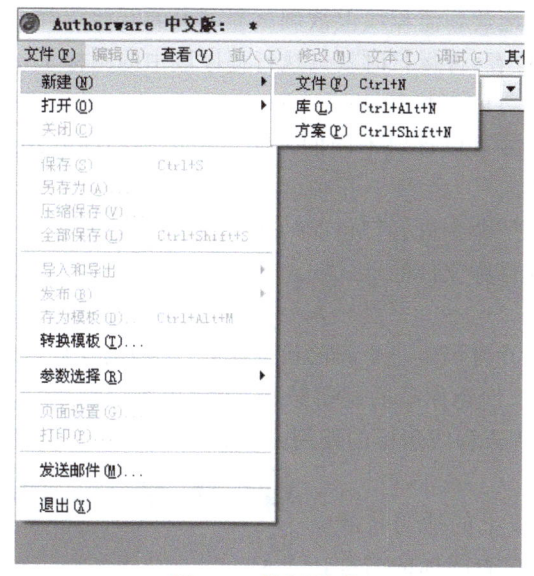

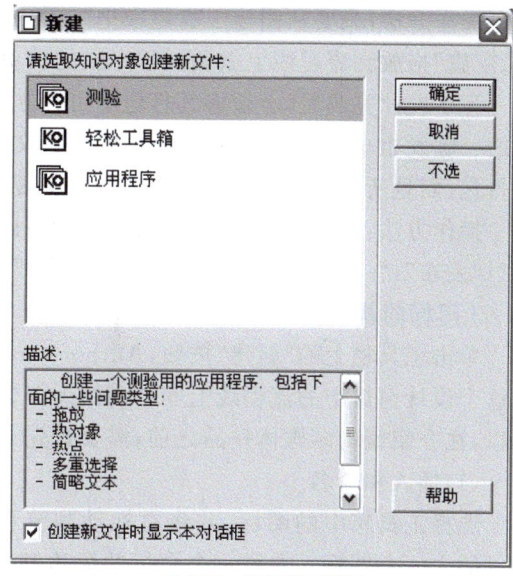

图 6-21 创建新文件　　　　　　　图 6-22 "新建"对话框

(2) 文件的保存

执行"文件"|"保存"命令，弹出"保存文件为"对话框，如图 6-23 所示，选择文件的保存位置，给文件命名后，单击"保存"按钮即可。

图 6-23 "保存文件为"对话框

(3) 程序的调试及发布

在程序设计过程中难免存在错误，因此调试程序在软件开发的过程中就显得非常重要。Authorware 7.0 常用的调试方法是使用"开始旗"和"结束旗"。

通常，单击"运行"按钮，Authorware 7.0 会从程序开始处运行程序，一直到程序流程线上的最后一个设计图标或者遇到 Quit()函数停止。但是，有时所要调试的程序段只是整个程序的一部分，此时就可以利用"开始旗"和"结束旗"调试。

操作方法：只要从图标工具栏中把"开始旗"拖放到流程线上欲调试程序段的开始位置，将"结束旗"拖放到流程线上欲调试程序段的结束位置，再运行时就只执行程序段中的图标了。

程序设计完成后，必须将其打包为可独立运行的可执行文件。Authorware 7.0 提供了强大的一键发布功能，能自动查找所需的支持文件并可以针对不同的发布目标以不同的方式进行打包，而且所有的步骤都是在内部自动实现的。

操作方法：先执行"文件"|"发布"|"发布设置"命令进行打包前的相关设置。然后执行"文件"|"发布"|"一键发布"命令即可生成所需要的目标文件的形式。

3.图标的基本操作

单击工具栏上的"新建"按钮，Authorware 7.0 将产生一个新的设计窗口，我们的任务就是在这个设计窗口中的流程线上安排和组织图标来创建作品的逻辑结构，布局内容，放映流程。所以，在介绍编辑多媒体作品之前，需要首先了解流程线图标的使用方法。

（1）插入和命名

选择工具箱中的图标，并将它拖动到流程线上的适当位置，即可插入一个图标。在每一个图标的旁边都对应着图标的名称，系统默认的名称都是未命名，为了增加程序的可读性和便于修改调试，一定要为图标取一个见名知意的名字，如图 6-24 所示。

（2）选择与排列

需要选择连续的图标时，可以通过鼠标在编辑窗口中的拖动来完成，需要选择不连续的图标时，可以在按住 Ctrl 功能键的同时，依次单击流程线上的图标。当图标处于选中状态，就可以执行"编辑"|"复制"和"编辑"|"粘贴"命令或者用工具按钮来移动、复制图标的内容。

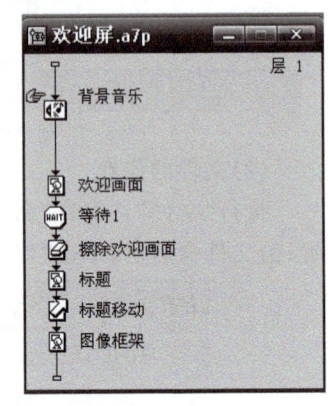

图 6-24　图标的命名

当流程线上的图标比较多时，可以执行"修改"|"群组"菜单命令，将所选的相关图标组合成群组图标。这样，多个图标将以整体的形式出现在流程线上。双击群组图标时，将在其下一层窗口内打开其中包含的图标，如图 6-25 所示。

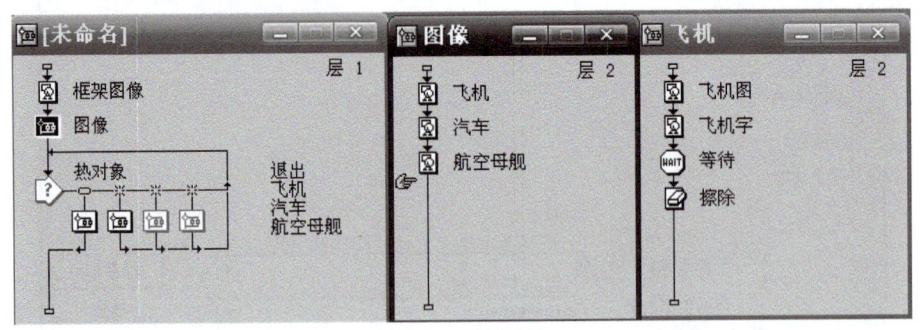

图 6-25　群组图标

（3）编辑图标

编辑一个图标，可双击某个图标，切换到编辑状态。这时，一部分图标的内容会显示在 Authorware 7.0 的演示窗口中，绘图工具箱也出现在演示窗口内，绘图工具的内容将随着演示窗口内容的不同而变化。这时，用户可以执行"文件"|"导入"命令，从外部文件中添加所要演示的内容，并做相应处理；另一部分图标不会出现在演示窗口中，而是显示相应的属性设置面板，用户可以通过这些打开的面板调整对应图标的属性、参数。

每个图标都有相应的属性。编辑一个图标的属性,用户可以采取下列方法之一进行操作:
① 执行"修改"|"图标"|"属性"命令。
② 单击流程线的图标。
③ 选中某一图标,单击鼠标右键,选择属性。
④ 选中某一图标,或者打开该图标演示窗口,按快捷键 Ctrl+I。

(4) 演示窗口的设置

演示窗口是用来展示 Authorware 7.0 的设计的,它既是程序运行结果的输出窗口,也是程序开发期间最为重要的设计平台。用户在制作多媒体作品时,可以在上面设计和排列文本、图形、按钮以及其他可见元素。

在程序设计期间,用户在演示窗口中见到的与实际作品几乎完全相同。因此,用户必须在制作多媒体作品之前对演示窗口进行必要的设置。

执行"修改"|"文件"|"属性"命令,调出文件属性面板如图 6-26 所示。

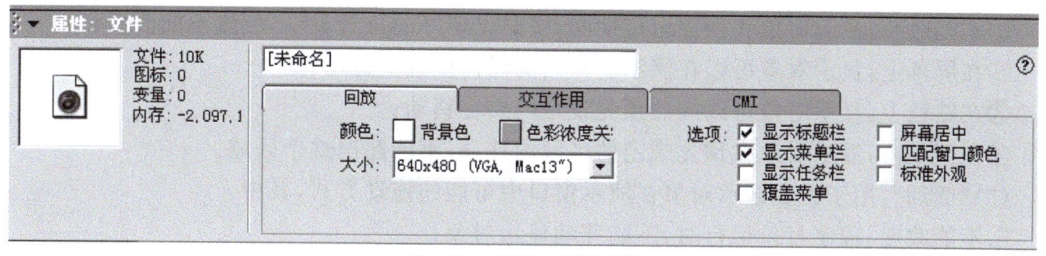

图 6-26 "属性:文件"面板

属性面板的左侧显示文件的相关信息,包括大小、包含图标总数、文件中使用的变量个数、剩余的磁盘空间,这些信息是不可编辑的。

面板的主体部分由"回放"、"交互作用"及"CMI"三个选项卡组成,其中影响程序外观的核心控制部分都集中在"回放"选项卡上。

"交互作用"选项卡用于改变等待按钮的样式。

"CMI"选项卡用于跟踪运行教学多媒体的使用者和操作情况。

4. 显示图标

要演示的媒体内容如文本信息、图形信息等是不能直接绘制在主流程线上的,而是由显示图标来实现它们的显示,显示图标是 Authorware 7.0 中应用最广泛的图标,在制作作品中的作用非常显著,被称为 Authorware 7.0 的灵魂。

在显示图标内,用户可以添加文本、图形、图像。文本可以作为标题、提示,甚至是主要内容,还可出现在按钮图标、简短指令、帮助系统等方面。图形与图像则是仅次于文本的第二重要组成元素,可以通过绘图工具箱、导入操作与链接方式三种方法来呈现。

在程序流程上选择需要修改属性的显示图标,执行"修改"|"图标"|"属性"命令,或者使用快捷键 Ctrl+I,都可打开如图 6-27 所示的属性面板。

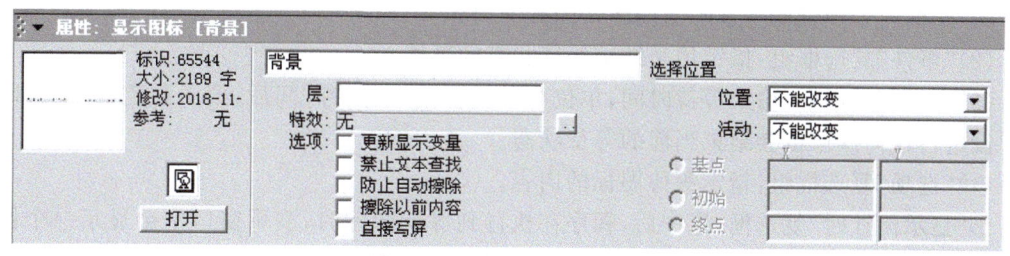

图 6-27 "属性:显示图标"面板

说明：

(1)"层"：设置显示图标所处的层次，层次高的显示图标的内容在层次低的显示图标前面显示。如果为空，则层次为0。

(2)"特效"：用来指定显示图标内容显示的效果。

(3)"更新显示变量"：选择该复选框后，在程序的运行期间，窗口中的内容将会根据变量值的变化，自动进行文本的更新显示。

(4)"禁止文本查找"：选择该复选框后，将不允许在该显示图标中进行文本查找。

(5)"防止自动擦除"：选择该复选框后，禁用该图标的自动擦除功能，而只能使用擦除图标来擦除窗口中的内容。

(6)"擦除以前内容"：选择该复选框后，在显示该图标内容的同时擦除前面的显示内容。

(7)"直接写屏"：选择该复选框后，该图标中的内容总是放在演示窗口的最前面。

(8)"位置"：决定对象初始的显示位置属性，共有四个选项：

①不能改变：显示对象在程序运行期间，按照设定好的位置显示，位置不能改变；

②在屏幕上：显示对象可以在演示窗口内的任何位置上显示；

③在路径上：显示对象可以按照预先设定的路径移动；

④在区域内：显示对象在预先规定的区域内移动，不能超出这个区域。

(9)"活动"：用于设置显示对象在演示窗口中可能的拖动方式，其中：

①不能改变：程序打包运行时，不能移动显示对象；

②在屏幕上：程序打包运行时，可以在演示窗口内拖动显示对象；

③任意位置：程序打包运行时，可以在任意位置上拖动显示对象。

5.等待图标

为了暂停某个画面或镜头，以便用户有足够的时间看清楚屏幕上的内容或者进行短暂思考，Authorware 7.0提供了等待图标，它为控制演示的进度提供了方便，需要继续演示时，只需单击鼠标或按任意键，也可以经过一段时间的等待之后，继续开始演示。

拖动一个等待图标到设计窗口的流程线上，单击该图标，就会出现等待图标属性面板，如图6-28所示。

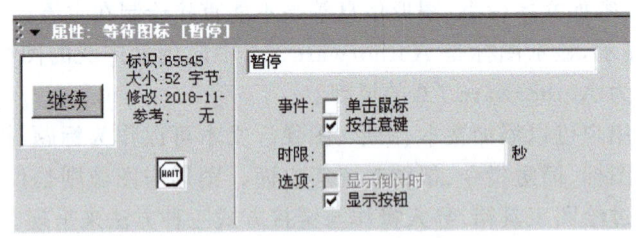

图6-28 "属性：等待图标"面板

说明：

(1)图标内容预览框中显示当前等待图标的内容。

(2)"事件"复选框组：指定用来结束等待状态的事件。

(3)"时限"文本框：输入等待时间，单位为秒。在输入等待时间后，到了预定的时间，即使用户没进行任何操作也会结束当前的等待状态。

(4)"选项"复选框组：指定等待图标的内容。

①"显示倒计时"复选框：选中后，程序在执行到等待图标时，演示窗口中会显示一个倒计时的时钟。此复选框在输入了等待时间之后才有效。

②"显示按钮"复选框：选中后，程序在执行到等待图标时，演示窗口会显示一个"继续"按钮。默认的"等待"按钮样式显示在图标内容预览框中。

6.擦除图标

在一个多媒体作品中，需要显示在屏幕上的内容是非常多的，如果都将它们显示在屏幕上，那么将会非常的混乱。这样就要求在演示结束之后，使它们在屏幕上自动消失。Authorware 7.0 提供的擦除图标，不仅能够方便地擦除显示对象，而且还提供了擦除效果。

拖动一个擦除图标到设计窗口的流程线上，单击该图标，就会出现擦除图标的属性面板，如图 6-29 所示。

图 6-29 "属性：擦除图标"面板

说明：

(1)"点击要擦除的对象"选项要求用户在"演示窗口"中选择要擦除的一个或几个图标内容。图 6-29 中所选择的是擦除"擦除文本"显示图标。

(2)"预览"按钮：单击预览按钮可以预览擦除效果。

(3)"特效"按钮：用来设置擦除过程的过渡效果，作用与显示设计图标的显示特效类似。

(4)"防止重叠部分消失"：由于在 Authorware 7.0 中对设计图标既可以设置显示过渡效果，也可以设置擦除过渡效果，此复选框的作用就是处理这些过渡效果之间的关系。选中此复选框，则在显示下一设计图标内容之前将选定的设计图标的内容完全擦除，否则，Authorware 7.0 会在擦除当前目标的同时显示下一设计图标的内容。

6.2 "白云移动动画"设计

案例目标

1.掌握绘制和编辑图形的基本方法。
2.掌握移动图标的基本使用方法。
3.掌握常用的移动类型。

案例说明

多媒体作品最大的特征就是以动态的效果吸引人的注意力。在 Authorware 7.0 中除了数字电影、Flash 动画外，用户还可以自定义对象的动态显示及其移动的路径，所有的这些工作都是通过移动图标来实现。

利用移动图标制作一个白云移动的二维动画，其中，文字"白云"的移动方式是指向固定点，白云图形的移动方式为指向固定直线上的某点。

6.2.1 完成过程

1.设置显示图标

(1)拖动一个显示图标到流程线上,命名为"文字",如图 6-30 所示。

(2)双击"文字"显示图标,在演示窗口中输入文字"白云",并将"白云"二字设置大小为 48,字体为楷体,颜色为红色,如图 6-31 所示。

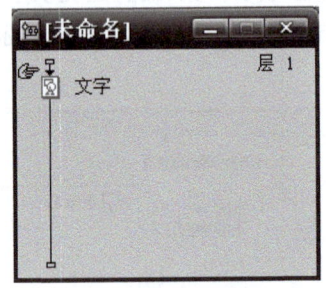

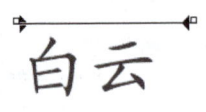

图 6-30　创建显示图标　　　　图 6-31　编辑"文字"显示图标内的文字

(3)拖动一个显示图标到流程线上,命名为"青山"。

(4)双击"青山"显示图标,在演示窗口内利用绘图工具箱绘制如图 6-32 所示的大山。在"属性:显示图标"面板中,设置"层"为 2。

(5)拖动第三个显示图标,命名为"白云"。

(6)打开 Word,插入一个云形标注并选中,右击,执行"复制"命令,回到 Authorware 7.0 界面,双击打开"白云"显示图标,执行"编辑"|"粘贴"菜单命令,该图形代表白云。在"属性:显示图标"面板中,设置"层"为 3。三个显示图标的内容同时显示的状态如图 6-33 所示。

图 6-32　编辑"青山"显示图标　　　　图 6-33　三个显示图标内容

2.设置移动图标

(1)拖动一个移动图标到流程线上,命名为"文字移动"。

(2)单击快捷工具栏内的"运行"按钮运行程序。当程序运行到"文字移动"移动图标时,程序会停止运行,同时调出该图标的"属性:移动图标"面板。用鼠标单击"白云"两个字,将它们列为移动对象。

(3)在"属性:移动图标"面板内设置移动"类型"为"指向固定点",移动"定时"为"3"秒,"执行方式"为"等待直到完成",如图 6-34 所示。

(4)在演示窗口内,拖动"白云"两个字到合适位置。

(5)关闭演示窗口,退出程序的运行。

(6)再拖动一个移动图标到流程线上,命名为"白云移动"。

图 6-34 "文字移动"移动图标属性的设置

（7）单击"白云移动"移动图标，打开"属性：移动图标"面板，单击白云作为移动对象。

（8）在"属性：移动图标"面板内设置移动"类型"为"指向固定直线上的某点"，"定时"为"3"秒，"层"为"3"。

（9）在"属性：移动图标"面板内，根据"类型"框上方的提示，先拖动白云到直线的起点，然后拖动到直线上的结束点（该直线由用户自己确定）。这时会出现一条直线，如图 6-35 所示，在"目标"中填入"Random(0,100,1)"，其作用是随机决定白云移动的终点在直线上的位置，设置如图 6-36 所示。

图 6-35　白云移动终点所在的直线

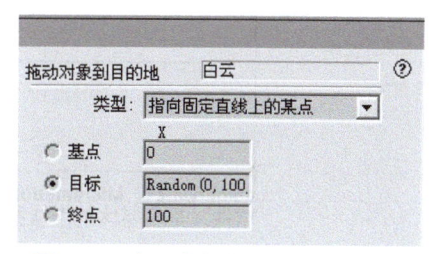

图 6-36　"白云移动"移动图标属性的设置

（10）关闭演示窗口，退出程序的运行。

（11）单击快捷工具栏内的"运行"按钮运行程序，程序流程如图 6-37 所示。

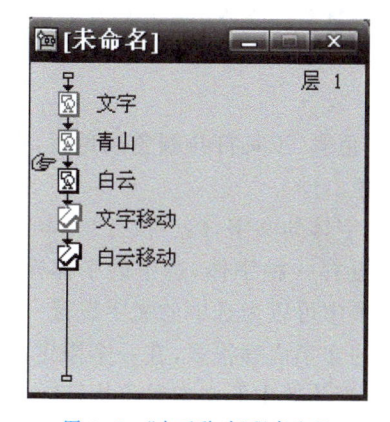

图 6-37　"白云移动"程序流程

6.2.2 相关知识

1. 文本、图形及图像的使用

(1) 工具箱的使用

为了绘制简单的图形和文本对象，Authorware 7.0 提供了绘图工具箱，如图 6-38 所示。以下三种方式都可以打开 Authorware 7.0 的绘图工具箱。

① 在运行或编辑作品时，双击任何文本或图形对象。

② 双击显示图标。

③ 双击交互图标。

(2) 编辑文本对象

单击绘图工具箱中的文本工具可以创建、编辑文本对象。文本对象来源于用户的直接输入、粘贴的文本、嵌入的文本。一旦在演示窗口得到文本之后，就可以利用菜单命令或者工具按钮，对文本对象进行修饰。

图 6-38 绘图工具箱

① 输入文本

打开显示图标之后，选择绘图工具箱中的"文本"工具，将鼠标移入当前演示窗口，鼠标的形状将变成 I 型指针，将指针移到文本显示的位置，单击，屏幕上将出现一条表示文本宽度的线条和一个闪烁的光标，闪烁的光标表示输入文本的当前位置，这时可以对文本进行输入以及插入、删除、复制、移动等操作，如图 6-39 所示。

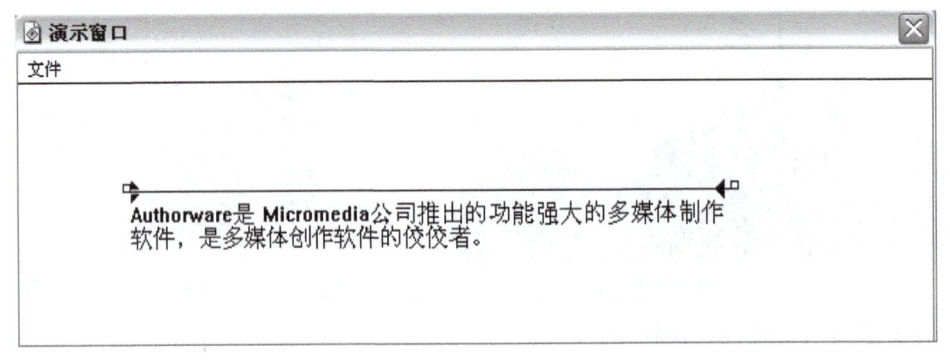

图 6-39 文本对象的输入

对于大量文本，或者格式比较复杂的文本，最好先用文字处理软件编排好，再将其导入演示窗口。

② 编辑文本

颜色：单击绘图工具箱中的"色彩"工具打开颜色调色板，选中所要改变的文字，然后可以在调色板中挑选一种线条/文本色。

字体、字号：首先选中要改变字体的文字，然后执行"文本"|"字体"|"其他"命令，调出字体对话框，就可以在下拉列表框中选择一种字体，选中的字体样式可以在字体预览框中显示出来。同样在"文本"|"大小"命令项中可以为选中的文字设置一个合适的字号。

滚动显示：如果文本对象中的文字内容很多，在一个限定的区域内放不下，就可以将文本对象设置为滚动显示。方法是对当前选中的文本对象执行"文本"|"卷帘文本"命令，此时用鼠标单击文本对象右侧滚动条上的方向按钮，可以使文本对象在滚动框中滚动，效果如图 6-40 所示。

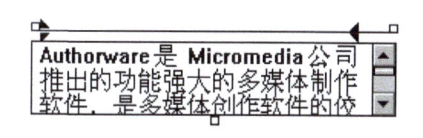

图 6-40　滚动显示文本对象

（3）图形与图像的运用

①图形的绘制与填充

利用绘图工具箱中的功能按钮，可完成相应的图形绘制与填充：

选择线型→绘制所需要形状或者线条→设置线条颜色→选择填充色彩模式。

②图像的嵌入与链接

图像在多媒体软件设计中占有重要的地位，它形象直观，常常用来制作演示背景、艺术字、三维按钮、彩色图表等。

执行"文件"|"导入和导出"|"导入媒体"命令，打开"导入哪个文件？"对话框，选择图像，单击"导入"按钮导入，如图 6-41 所示。

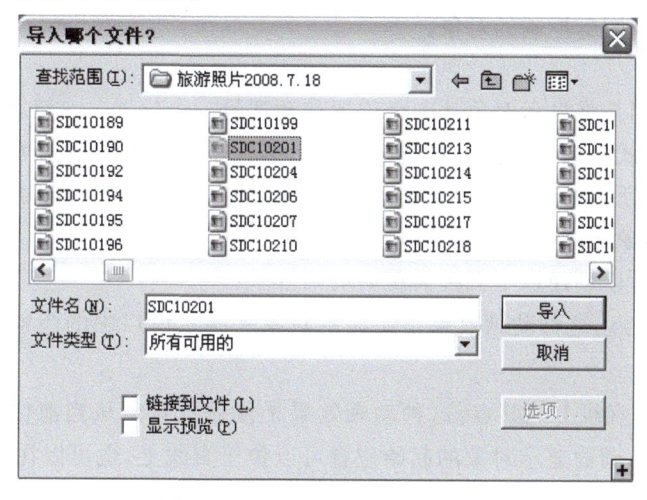

图 6-41　"导入哪个文件？"对话框(2)

③调节显示层次

在多媒体作品中，经常需要导入多幅图像。图像可能会相互遮盖，后导入的图像会遮住先导入的图像，这时就需要对图像的层次进行调整。

选中被遮住的图像，执行"修改"|"置于上层"命令，如图 6-42 所示，被遮住的图像即可出现在后导入图像的上面。

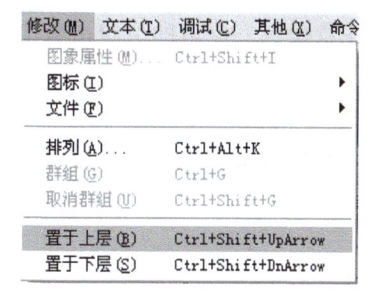

图 6-42　修改图像层次

2. 移动图标的使用

拖动移动图标到流程线上,单击打开其属性面板,如图 6-43 所示。

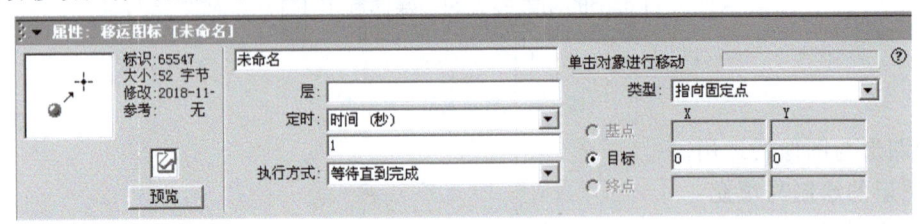

图 6-43 "属性:移动图标"面板

说明:

(1)移动内容预览窗口,在没有确定移动对象之前显示移动类型。单击移动对象后,显示所移动的内容。

(2)根据所选择的移动类型的不同,面板布局的形式也相应不同。

(3)移动图标的"层"不设置,系统默认为 0 层。

(4)当两个以上的移动图标在同一层次时,处于流程线下方的移动图标控制的对象在移动时会遮住上方的移动图标控制的对象。

3. 动画的类型

移动图标的作用是将显示对象从一个位置移动到另一个位置。一旦对某个对象设置了移动方式,则该移动方式将应用于此对象所在的显示图标中的所有对象。如果需要移动单个对象,必须保证此对象所在的图标中没有其他对象。移动可以发生在不同时刻,并且移动的类型也有所区别,移动对象之间是独立的。

利用移动图标可以创建以下五种类型的动画效果:

(1) 指向固定点:这种动画效果是使显示对象从演示窗口中的当前位置直接移动到另一位置。

(2) 指向固定直线上的某点:这种动画效果是使显示对象从当前位置移动到一条直线上的某个位置。被移动的显示对象的起始位置可以位于直线上,也可以在直线外,但终点位置一定位于直线上。停留位置由数值、变量或表达式来指定。

(3) 指向固定区域内的某点:这种动画效果是使显示对象在一个坐标平面内移动。起点坐标和终点坐标由数值、变量或表达式来指定。

(4) 指向固定路径的终点:这种动画效果是使显示对象沿预定义的路径从路径的起点移动到路径的终点并停留在那里,路径可以是直线段、曲线段或二者的结合。

(5) 指向固定路径上的任意点:这种动画效果也是使显示对象沿预定义的路径移动,但最后可以停留在路径上的任意位置。停留的位置由数值、变量或表达式来指定。

6.3 "小球的运动与停止"设计

案例目标

1. 掌握创建移动路径的方法。

2.掌握使用简单变量控制对象的移动。

案例说明

任务运行时,我们会看到小球围绕着矩形路径运动,单击"继续"按钮,小球将会在起始点位置停止运动;再次单击"继续"按钮,小球重新开始运动,从而实现了对小球运动与停止的控制。

6.3.1 完成过程

1.拖动"显示"图标到流程线上,命名为"矩形路径"。双击该图标,绘制一个填充绿色的矩形,如图 6-44 所示。

2.拖动一个计算图标到流程线上,命名为"变量赋值"。

3.双击该计算图标,在其中输入"a＝1"后,单击"关闭"按钮,将会弹出询问是否保存的对话框,单击"是"按钮后,又会弹出"新建变量"对话框,如图 6-45 所示,单击"确定"按钮后关闭。

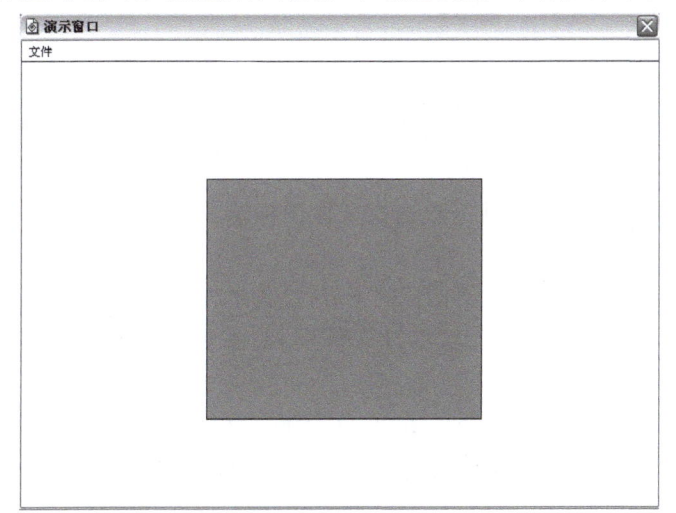

图 6-44 绘制矩形路径　　　　　　图 6-45 "新建变量"对话框

4.拖动显示图标到计算图标的下方,在该图标中绘制一个圆形小球。

5.单击"运行"按钮,调整"小球"与"矩形路径"的相对位置,如图 6-46 所示。

6.拖动移动图标到流程线下方,命名为"运动",拖动"小球"创建如图 6-47 所示的闭合运动路径。

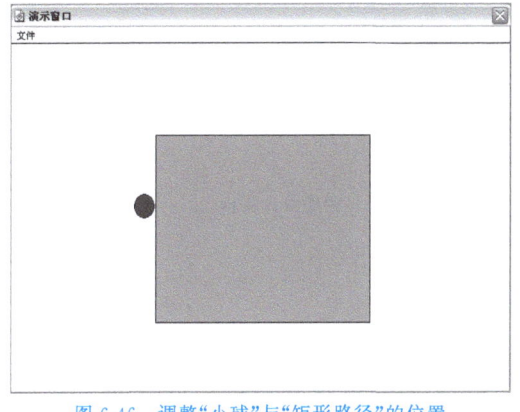

图 6-46 调整"小球"与"矩形路径"的位置　　　　　　图 6-47 创建运动路径

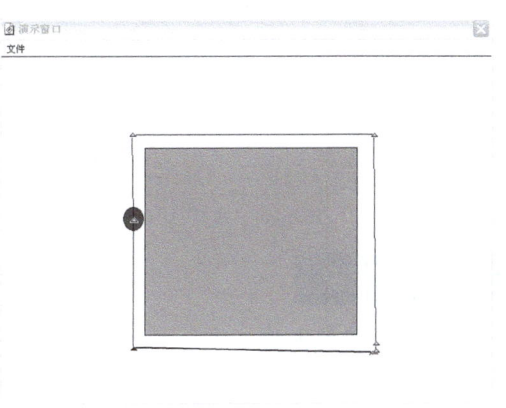

7.移动图标的属性设置如图6-48所示,其中"定时"为"5"秒,"执行方式"选择"永久",设置移动的开始条件为"a=1"。

图 6-48　设置移动图标属性

8.拖动等待图标到流程线上,命名为"等待1",其"属性:等待图标"设置如图6-49所示。

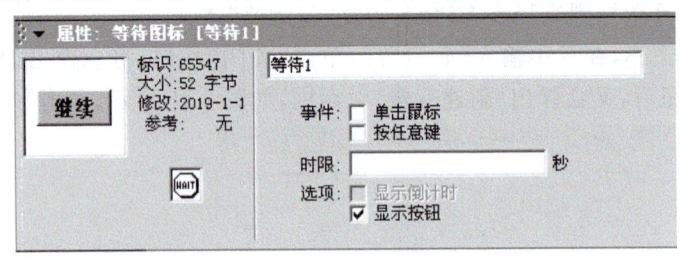

图 6-49　"等待1"属性设置

9.拖动计算图标到流程线上,命名为"停止运动",双击打开该图标输入"a=2",该条件为小球停止运动的条件。

10.复制"等待1"图标,将其粘贴到"停止运动"计算图标的下方,将其命名为"等待2"。

11.拖动计算图标到流程线上,命名为"重复",双击打开该图标,在窗口中输入"GoTo(IconID@"变量赋值")",如图6-50所示。

12.单击"运行"按钮,便会看到小球围绕着矩形路径运动,单击演示窗口中的"继续"按钮,小球将会在起始位置停止运动;再次单击"继续"按钮,小球重新开始运动,从而实现了对小球的运动与停止的控制。最终程序流程如图6-51所示。

图 6-50　"重复"计算图标窗口

图 6-51　程序设计流程(1)

6.3.2　相关知识

1.创建路径的方法

(1)创建直线和折线路径:单击要移动的对象(例如:小球),可以看到对象上出现一个黑三角。将鼠标指针移至小球其他部位,然后拖曳小球对象移动,移至转折点时单击鼠标,然后再拖曳小球对象移动,直至全部路径完毕。

(2)创建曲线路径:双击小三角使它变成一个圆,这时路径也由直线变成曲线。

(3)编辑路径:如果用鼠标拖曳各转折点的小三角,可以改变转折点的位置及路径形式。单击路径线还可以产生一个新的小三角,使该点变为转折点(控点)。双击路径线,可以产生一个新的小圆,与它相连的路径也会由直线变为曲线路径。如果双击小圆,还可以将它变为小三角,与它相连的路径会由曲线变为直线。

2."属性:移动图标"(指向固定路径的终点)面板

(1)"移动当"文本框的作用:可以输入逻辑常量、变量、函数和表达式。当它们的值为真(TRUE)时,对象才会移动;当它们的值为假(FALSE)时,对象不会动。如果该文本框内不输入任何内容,不管"执行方式"下拉列表框内选择哪一项,执行此图标时,对象只移动一次。

(2)"执行方式"下拉列表框内"永久"选项的作用:如果"移动当"文本框内没有输入任何内容,则选择"永久"选项与选择"同时"差别不大,表示对象开始移动后,马上执行下面的图标;如果"移动当"文本框内输入 TRUE 常量,则在"执行方式"下拉列表框内选择任何选项后,动画都会永久反复进行;如果"移动当"文本框内输入变量或表达式,则当变量或表达式的值为真时,动画也会永久反复进行。

(3)"编辑点"栏中两个按钮的作用:其中"删除"按钮用来删除选中的转折点,"撤销"按钮用来恢复刚刚删除的转折点,使用这两个按钮可以修改路径。

6.4 "自然风景欣赏"设计

案例目标

1.理解 Authorware 7.0 中交互结构的基本概念。
2.掌握按钮交互类型的使用方法。

案例说明

多媒体作品最为显著的特征便是交互性,一个优秀的多媒体作品除了具备丰富的多媒体功能外,还应该具备强大的交互功能。Authorware 7.0 与其他多媒体开发工具最大的不同点就是,它并不要求设计者具备复杂高深的编程技术,它能够为设计者提供丰富多样的交互功能。因此受到用户的广泛欢迎。在 Authorware 7.0 中,用户可以使用一个现成的图标——交互图标来实现灵活多变的交互功能。

使用按钮交互类型,制作自然风景欣赏程序,即单击某按钮就呈现该地风景图片,如图 6-52 所示。

6.4.1 完成过程

1.拖动显示图标到流程线上,命名为"背景",双击打开该图标导入"模块 6 素材\案例 4"中的"背景.bmp"图像文件。

2.拖动交互图标到流程线上,命名为"交互"。

3.在交互图标的右下方分别放置两个显示图标,在自动弹出的"交互类型"选择对话框中

图 6-52　程序运行效果(2)

均选择"按钮"单选框后,单击"确定"按钮,与此同时,将两个显示图标分别命名为"桂林山水"和"九寨沟"。

4.双击"桂林山水"显示图标,导入"模块 6 素材\案例 4\桂林山水.jpg"图像文件。双击"九寨沟"显示图标,导入"模块 6 素材\案例 4\九寨沟.jpg"图像文件。适当调整图像文件的位置。

5.单击"桂林山水"按钮响应类型符号,弹出按钮响应类型的属性设置面板。

6.单击"按钮"按钮,弹出"按钮"对话框,如图 6-53 所示,选择按钮样式。

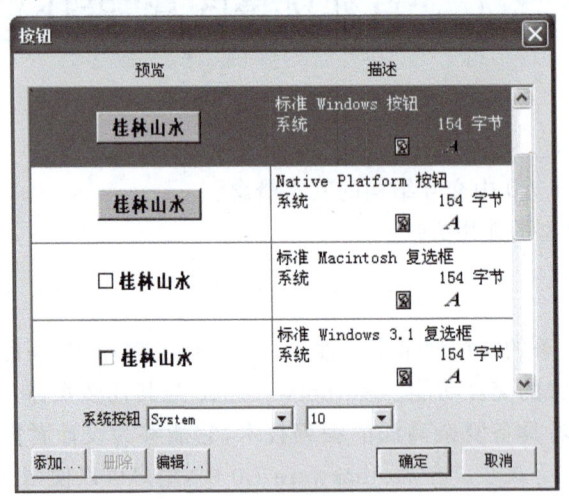

图 6-53　"按钮"对话框

7.单击"确定"按钮,返回到属性面板,设置其他属性如图 6-54 所示,关闭属性设置面板。

8.类似的,单击"九寨沟"按钮响应类型符号,设置按钮响应类型的属性。

9.在交互图标的最右方放置计算图标,命名为"退出",选择"按钮"交互类型,双击打开该计算图标,输入"Quit()"函数语句退出整个程序。

10.单击"退出"按钮响应类型符号,弹出"属性:交互图标[退出]"属性面板,"响应"选项卡设置如图 6-55 所示。

11.运行程序,效果如图 6-52 所示。

12.程序设计流程窗口,如图 6-56 所示。

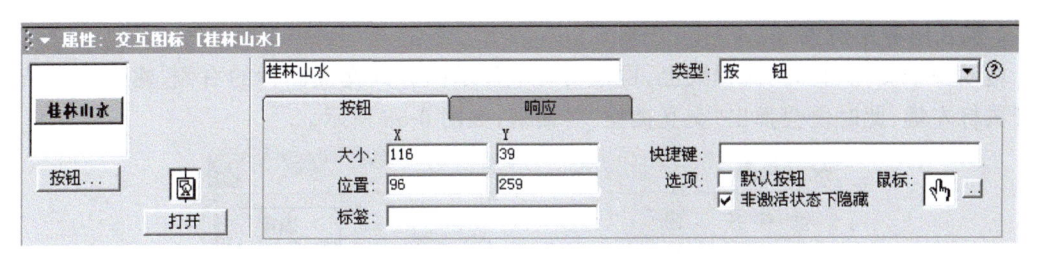

图 6-54 "桂林山水"交互图标属性面板

图 6-55 "退出"交互图标属性面板

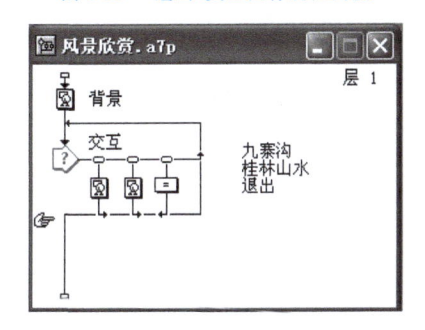

图 6-56 程序设计流程(2)

6.4.2 相关知识

1.交互结构

Authorware 7.0 的交互结构主要由交互图标、交互分支、响应类型、响应执行等组成。其中,交互图标是交互结构的核心;交互分支主要用于决定程序响应结束后的流向;响应类型,在 Authorware 7.0 中提供了 11 种响应的类型,用于实现用户与程序的交互方式;响应执行,当用户与程序进行交互后,程序按照预先定义好的流程路径执行。交互结构的各个组成部分如图 6-57 所示。

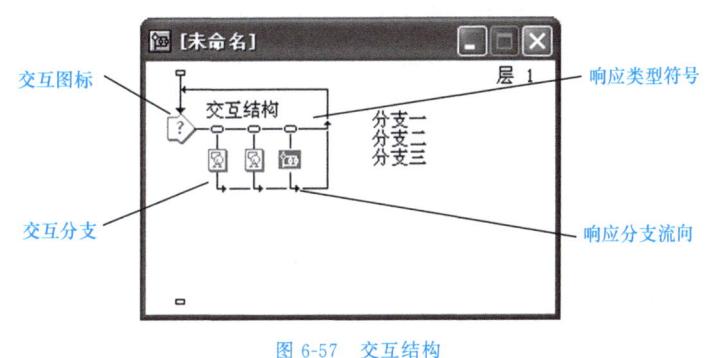

图 6-57 交互结构

2.交互图标的使用

拖动一个交互图标到流程线上,再拖动一个显示图标到交互图标的右侧,建立分支结构,松开鼠标左键,此时便会弹出"交互类型"对话框,如图 6-58 所示。

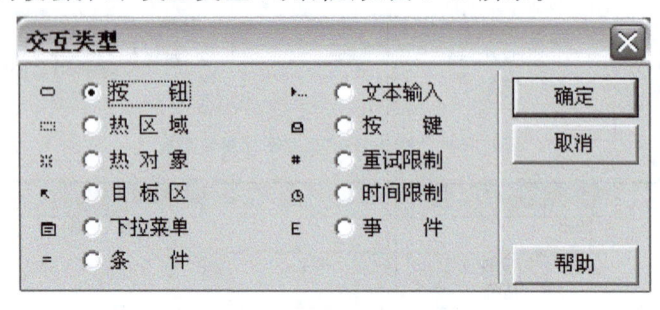

图 6-58 "交互类型"对话框

在该对话框中,选择"按钮"单选框后,单击"确定"按钮,便建立了一个最基本的交互结构(图 6-59)。在该对话框中,共有 11 种交互类型,用户可以根据实际需要,进行选择。

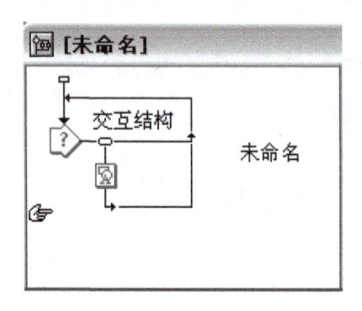

图 6-59 未命名的交互设计窗口

单击分支图标上方出现的交互响应类型符号,可以对弹出的"属性:交互图标"属性面板进行设置。

3.交互响应类型

Authorware 7.0 提供了 11 种人机交互方式,它们各自都有其适用的范围,合理恰当地运用这 11 种类型(图 6-58)将会建立功能强大、灵活多变的人机交互。下面简单介绍各种类型。

①"按钮"响应:可以在显示窗口创建按钮,并且用此按钮可以与计算机进行交互。按钮的大小和位置以及名称都是可以改变的,并且还可以加上伴音。Authorware 7.0 提供了一些标准按钮,供用户任意选用。用户还可以自己设计和选取其他按钮。在程序执行过程中,用户单击按钮,计算机就会根据用户的指令,沿指定的流程线(响应分支)执行。

②"热区域"响应:可以在演示窗口创建一个不可见的矩形区域,采用交互的方法,只需在区域内单击、双击或者把鼠标指针放在区域内,程序就会沿该响应分支的流程线执行,区域的大小和位置是可以根据需要在演示窗口中任意调整的。

③"热对象"响应:与"热区域"响应不同,该响应的对象是一个实实在在的对象,对象可以是任意形状的,这两种响应互为补充,大大提高了 Authorware 7.0 交互的可靠性、准确性。

④"目标区"响应:用来移动对象,当用户将对象移动到目标区域,程序就沿着指定的流程线执行。用户需要确定要移动的对象及其目标区域的位置。

⑤"下拉菜单"响应:创建下拉菜单,控制程序的流向。

⑥"条件"响应:当指定条件满足时,沿着指定的流程线执行。

⑦"文本输入"响应:创建一个用户可以输入字符的区域来改变程序的流程。常用于输入密码、回答问题等。

⑧"按键"响应:对用户敲击键盘的事件进行响应。

⑨"重试限制"响应:限制用户与当前程序交互的尝试次数,当达到规定次数的交互时,就会执行规定的分支。常用它来制作测试题,当用户在规定次数内不能正确回答出问题时,就退出交互。

⑩"时间限制"响应:当用户在限定的时间内未能实现特定的交互,则按指定的流程执行。常用于限时输入。

⑪"事件"响应:用于对触发事件进行响应。

6.5 "看图识字"设计

案例目标

掌握热对象交互类型的使用方法。

案例说明

"看图识字"程序运行后,屏幕会显示多个不同的小图像,如图 6-60 左图所示。单击某一个图像后,在框架内会显示出该图像的放大图像和它的名称,例如,单击飞机小图像后,演示窗口显示如图 6-60 右图所示,单击退出按钮,可以擦除整个画面,退出程序的运行。

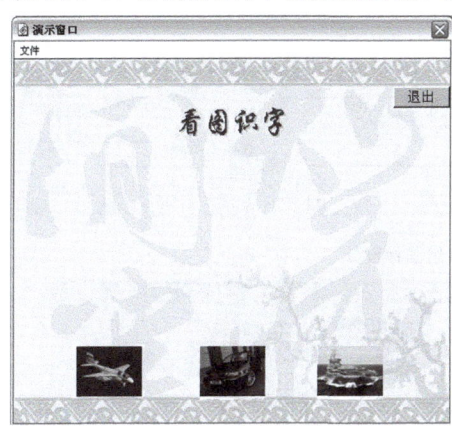

图 6-60 "看图识字"程序运行后的两幅画面

6.5.1 完成过程

"看图识字"程序如图 6-61 所示,程序设计过程如下。

1.在文件夹"模块 6 素材\案例 5"中,存有飞机、汽车、航空母舰的 3 幅大图图像和 3 幅小图像。

2.执行"修改"|"文件"|"属性"命令,调出"属性:文件"(回放)面板;背景色设置为白色;再选中"大小"下拉列表框内的"根据变量"选项。

3.在流程线上放置一个名字为"框架图像"的显示图标。在"框架图像"显示图标内导入

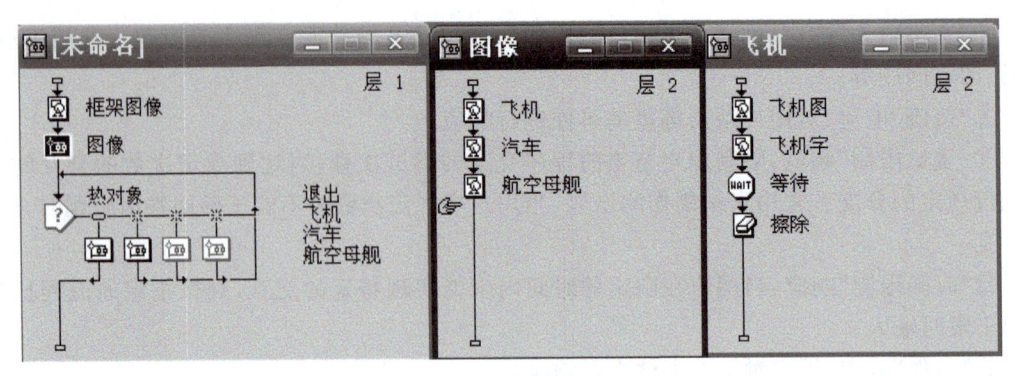

图 6-61 "看图识字"程序

"模块 6 素材\案例 5\框架图像",并调整它的大小和位置,如图 6-61 所示。双击"框架图像"显示图标,调出演示窗口,调整演示窗口的大小和位置,使演示窗口大小与框架图像大小一样。

4.在"框架图像"显示图标下面的"图像"群组图标内放置 3 个显示图标,如图 6-61 所示,在这些显示图标内分别导入"模块 6 素材\案例 5"中相应的小图像,显示图标的名称就是导入图像的名称。

5.将一个交互图标放在"图像"群组图标下边,命名为"热对象"。其下放置名字为"退出""飞机""汽车""航空母舰"4 个群组图标。其中,"退出"群组图标设置为按钮交互方式,其他群组图标设置为热对象交互方式。各热对象响应图标的名字分别以"图像"群组图标内各显示图标的名称命名。

6."退出"群组图标设计如图 6-62 所示,其中"擦除"擦除图标用来擦除整个画面的内容,擦除特效为从左往右,它的"属性:擦除图标"面板设置如图 6-63 所示。"退出程序"计算图标内的程序是"Quit(0)"。

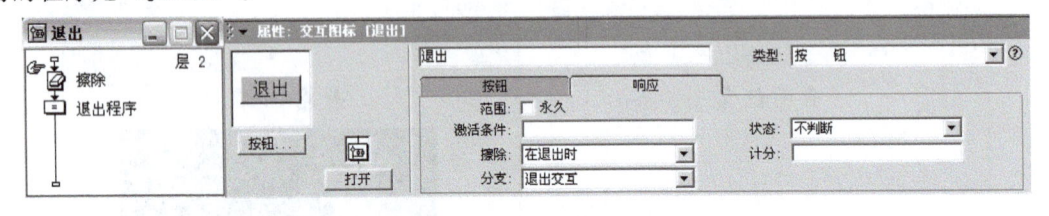

图 6-62 "退出"群组图标设计

图 6-63 "属性:擦除图标"面板设置

7.在"飞机"群组图标的程序设计窗口内放置 4 个图标,如图 6-61 所示。"飞机图"显示图标内导入一幅飞机大图,调整它的位置和大小,使它正好放置在框架内。"飞机字"显示图标内输入文字"飞机"和绘制一幅黄色填充、蓝色框的矩形图形,如图 6-60 所示。"暂停"等待图标用来等待 2 秒,不显示"等待"按钮和倒计时小钟。"擦除"擦除图标用来擦除"飞机字"显示图标内的文字和图形。

8.按照"飞机"群组图标的设计方法,设计其他两个群组图标。

9.运行程序,演示窗口内会显示"图像"群组图标中各显示图标的内容以及热对象交互方式的"属性:交互图标"面板。这时用鼠标单击要选定为热对象的对象,则该对象所在的图标名称会显示在"属性:交互图标"面板标题栏中,其图像会出现在"属性:交互图标"面板左上角的预览框内,如图 6-64 所示,表示该图标对象已成为相应的热对象。

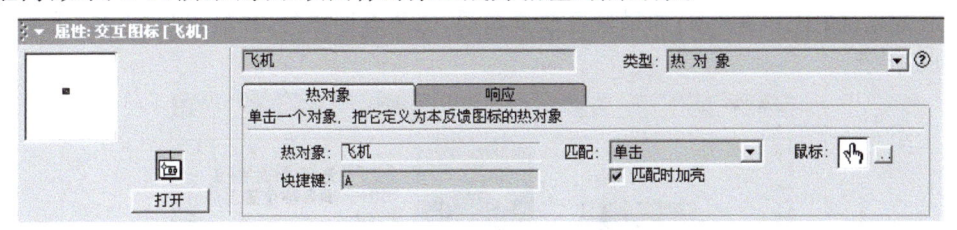

图 6-64 "属性:交互图标"面板

10.再在热对象交互方式的"属性:判断图标"(热对象)面板内进行鼠标指针形状设置,设置快捷键为 A,"匹配"下拉列表框中选择"单击"选项等,如图 6-64 所示。这时下一个热对象的"属性:交互图标"(热对象)面板又会出现,仍按上述方法重复操作,直到完成各热对象属性面板的设置为止。

11.运行程序。

6.5.2 相关知识

1.热对象交互的特点

"热"是指"激活"的意思,比如单击、双击或鼠标指针移到指定的对象之上以及按快捷键,都可以"激活"相应的对象,该对象就叫热对象。热对象交互就是在激活某对象后,使程序立即执行相应的响应图标。

2."属性:交互图标"(热对象)面板

(1)"匹配"列表框:该下拉列表框中有三项,它们分别表示用鼠标激活对象的一种方法,三个选项的含义如下:

单击:单击热对象后,程序执行相应的响应图标。

双击:双击热对象后,程序执行相应的响应图标。

指针在对象上:当鼠标指针移到热对象之上时,程序执行相应的响应图标。

(2)"快捷键"文本框:该文本框内输入按键的名称。当用户按此键时,也可以达到与单击按钮相同的效果。

(3)"匹配时加亮"复选框:选中它后,被鼠标单击等操作激活的对象以互补色高亮度显示一下,提示用户已开始执行相应的响应图标程序。

(4)"鼠标指针"按钮:单击它可以调出"鼠标指针"对话框,用来确定鼠标指针形状。

6.6 "对号入座"设计

案例目标

掌握目标区域交互类型的使用方法。

多媒体技术应用

案例说明

在"对号入座"任务中,将任意一张交通工具的图片拖曳到与下方名称相应的位置上。如果位置放置正确,图片将停留;如果位置放置错误,图片返回原处,并显示"对不起,重新再来",如图 6-65 所示。

图 6-65　程序运行效果(3)

6.6.1　完成过程

1.拖动一个显示图标到流程线上,命名为"背景",导入"模块 6 素材\案例 6\背景.jpg"图像文件,调整图像的尺寸,并且输入标题文本、提示语句,如图 6-66 所示。

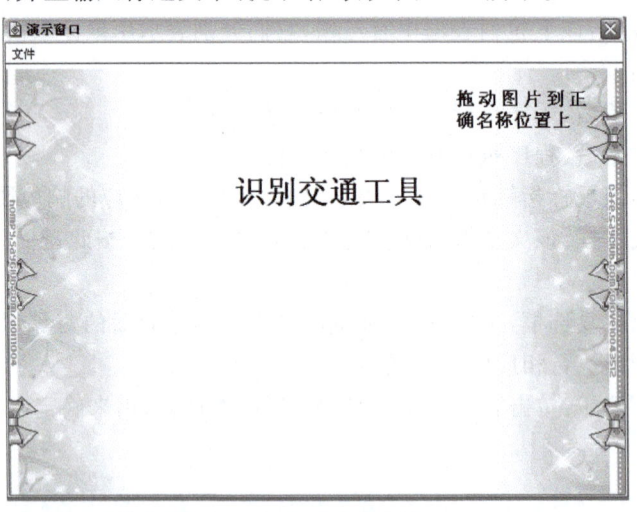

图 6-66　"背景"图标内容

2.执行"插入"|"媒体"|"Animated GIF"命令,打开"Animated GIF Asset 属性"对话框,单击"浏览"按钮,导入素材中"模块 6 素材\案例 6\18.gif"文件。

3.拖动一个显示图标到流程线上,命名为"名称框",在其中绘制 3 个矩形框,并且注明三种交通工具的名称。

4.在流程线上依次放置 3 个显示图标,依次命名为"火车图片""轿车图片""公共汽车图片",分别导入素材中"案例6"文件夹中相对应的图像文件。

5.拖动交互图标到流程线上,命名为"交互"。

6.在交互图标右侧放置一个群组图标,命名为"火车"。在弹出的"交互类型"对话框中选择"目标区"响应类型。

7.单击"运行"按钮,程序自动停止在"火车目标区"交互类型,根据提示,单击屏幕上的"火车"图片,然后将该图片拖动到火车的目标位置上,改变屏幕上矩形虚线框的大小,使其与已经设置好的目标区域大小一样,如图6-67所示。

图6-67 将火车图片拖动到目标位置

8.根据程序的需要设置"属性:交互图标"面板,如图6-68、图6-69所示。

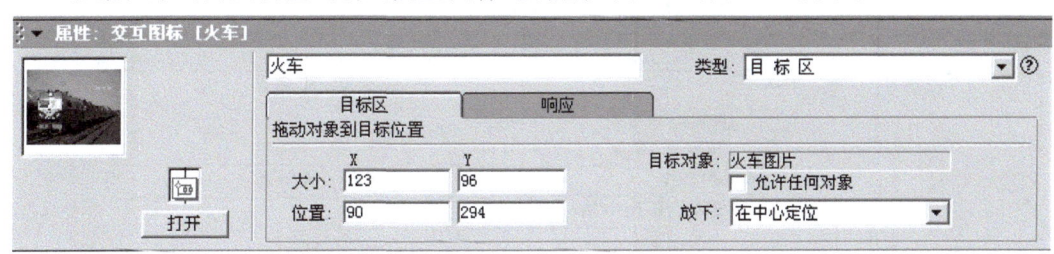

图6-68 "目标区"选项卡设置(1)

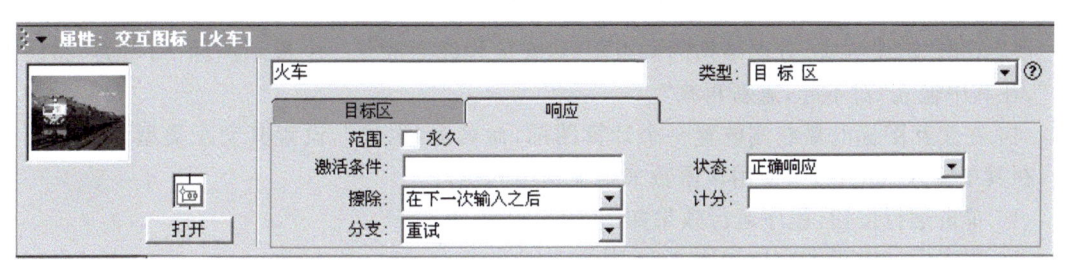

图6-69 "响应"选项卡设置(1)

9.双击"火车"群组图标,拖动一个显示图标到流程线上,命名为"火车文字",在该图标中输入关于火车的描述性文字,关闭"火车"分支结构。

10.将鼠标放置在"火车"群组图标上,单击鼠标右键,在弹出的菜单中选择计算命令后,打开一个计算图标,在其中输入"Movable@"火车图片":=FALSE",使用该命令把"火车图片"图标中图片的可移动性设置为FALSE(不可移动),如图6-70所示。

多媒体技术应用

图 6-70　计算图标

11.重复(6)～(10)步设置轿车、公共汽车的目标区交互。

12.拖动一个群组图标到交互图标的最右侧,命名为"错误响应",设置"错误响应"的目标区覆盖整个演示窗口,其"目标区"选项卡设置如图 6-71 所示,其"响应"选项卡设置如图 6-72 所示。

图 6-71　"目标区"选项卡设置(2)

图 6-72　"响应"选项卡设置(2)

13.双击"错误响应"分支结构的群组图标,在流程线上放置一个显示图标,命名为"错误提示",在其中输入"对不起,重新再来"。

14.在交互图标的最右侧放置一个计算图标,命名为"退出",设置其交互类型为"按钮"类型,在其中输入"Quit()",使用该函数来结束程序的执行。

15.单击运行按钮,程序运行效果如图 6-65 所示。

16.程序设计流程图窗口如图 6-73 所示。

6.6.2　相关知识

1.目标区交互

目标区交互类型就是在程序执行到此交互状态时,用户可用鼠标拖曳某一对象至一个指定的目标区中,如果该目标区设定为正确交互区域,则对象会停留在此区域中;如果该目标区设定为错误交互区域,则对象会自动返回原处。一个目标区可以对应多个可移动对象,一个可

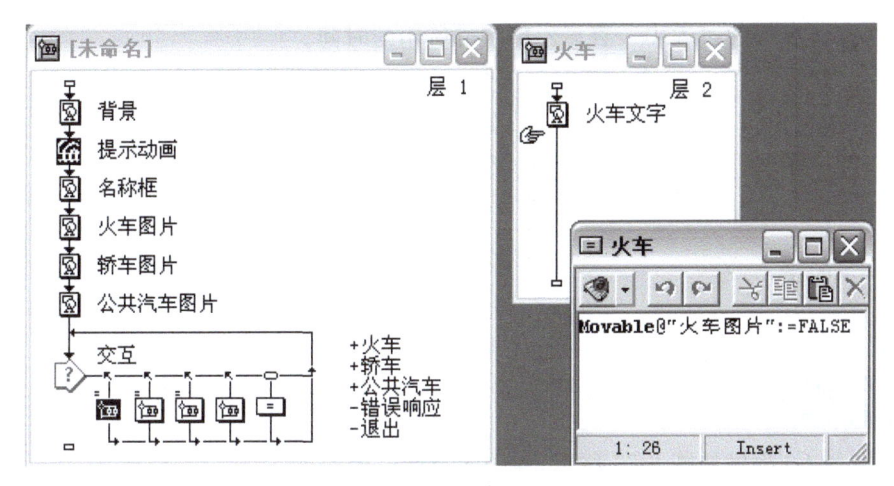

图 6-73　程序设计流程(3)

移动对象也可以对应多个目标区。

要改变目标区的位置,可用鼠标拖曳目标区虚线框的边框线或它的名字;要改变目标区的大小,可用鼠标拖曳目标区虚线框的灰色控制柄。

2."属性:交互图标"(目标区)面板

(1)提示栏:提示栏在"图标名称"文本框的下边,显示有关的信息。当没有选中要拖曳的对象时,提示栏的内容是"选择目标对象",提示用户选择一个目标对象;单击选中目标对象(在一个显示图标内)后,提示栏的内容是"拖曳对象到目标位置",提示用户用鼠标拖曳目标区虚线框对象到目标位置再释放。

(2)"大小"和"位置"文本框:可输入数值型变量或常量,用来精确确定目标区虚线框的大小与位置。

(3)"放下"下拉列表框:用来决定用户拖曳对象后,一旦松开鼠标左键,对象的去向。

"在目标点放下"选项:对象位于松开鼠标左键时所处的位置。

"在中心定位"选项:对象移至相应目标区的正中央。

"返回"选项:对象回到拖曳前的位置,一般用于处理将对象放错位置的交互。

(4)"允许任何对象"复选框:选中它后,可建立所有对象和该目标区的链接,即用鼠标拖曳任何对象到链接的目标区中并释放时,均会产生相应的交互。

6.7　"猜字母游戏"设计

案例目标

掌握条件交互类型的使用方法。

案例说明

"猜字母游戏"程序运行后,用户可以开始输入大写字母。在猜字母当中,如果所猜的字母比随机字母小,则显示"太小了!",如图 6-74 左图所示;如果所猜的字母比随机字母大,则显示"太大了!",如图 6-74 中图所示;如果猜对了,则显示猜数所用的次数和所用的时间,如图 6-74

右图所示。在猜字母的过程中一直显示猜字母所用的时间。

图 6-74 "猜字母游戏"程序运行后的 3 幅画面

6.7.1 完成过程

"猜字母游戏"程序如图 6-75 所示，程序的设计过程如下。

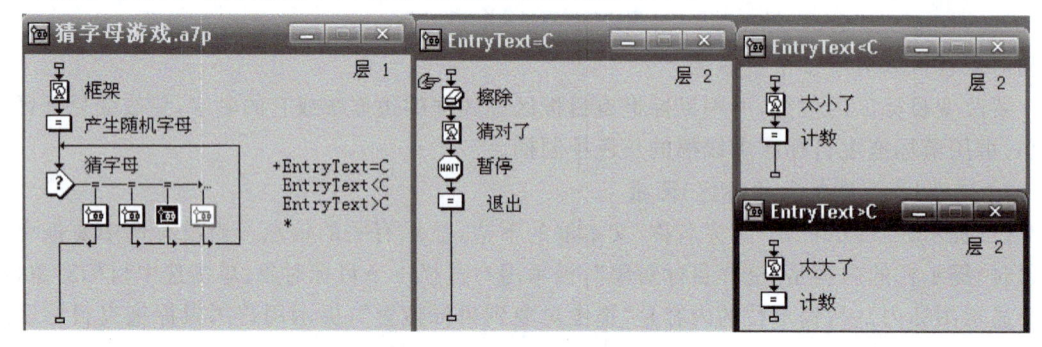

图 6-75 "猜字母游戏"程序

1．在"框架"显示图标内导入"模块 6 素材\案例 7\框架图像"，调整它的大小和位置。

2．"产生随机字母"计算图标内的程序如下：

N：＝Random(65,90,1)　　　--产生 65 到 90 之间的随机整数，并赋给变量 N

C：＝Char(N)　　　　　　--将数据转换成相应的字母（A 到 Z）

K：＝0　　　　　　　　　--变量 K 用来存储用户猜数的次数

T0：＝SystemSeconds　　　--变量 T0 用来存储运行 Authorware 7.0 到此时的时间

3．创建如图 6-75 所示的交互结构程序，"猜字母"交互图标下添加 4 个群组图标。左边 3 个响应图标采用条件交互方式，右边 1 个交互图标采用文本输入交互方式。

4．双击"猜字母"交互图标，调出它的演示窗口，输入蓝色的提示信息"输入一个英文大写字母："以及红色文字"您用时已经{SystemSeconds—T0}秒"。调整文本输入框的大小和位置以及设置输入文字的字体、颜色和大小。

5．单击选中"猜字母"交互图标，在其"属性：交互图标"面板内，选中"更新显示变量"复选框。

6．"EntryText＝C""EntryText＞C"和"EntryText＜C"三个群组图标的交互方式均为条件交互方式，在它们的"属性：交互图标"（条件）面板中的"自动"下拉列表框中选择"关"选项，如图 6-76 所示。各群组图标中的图标如图 6-75 所示。

7．"EntryText＝C"群组图标内的"擦除"图标用来擦除框架内的文字；"猜对了！"显示图标输入"猜对了！""你用了{K＋1}次"和"用时{SystemSeconds—T0}"文字；"暂停"图标用于暂停 5 秒，以便用户可以看清楚屏幕上的文字；"退出"计算图标内的程序为"Quit(0)"。

8．"EntryText＜C"群组图标内的"太小了"显示图标用来显示"太小了！"文字；"计数"计算

图 6-76 条件交互的"属性：交互图标"（条件）面板

图标内输入"K：＝K＋1"，用来计数。"EntryText＞C"群组图标内的"太大了"显示图标用来显示"太大了！"文字；"计数"计算图标内输入"K：＝K＋1"，用来计数。

9."猜字母"交互图标下面的"＊"响应图标的交互方式为文本输入方式，当在它的"属性：交互图标"（响应）面板中的"分支"下拉列表框选择"重试"选项时，一定要将它放在最右边，否则输入完字母后，不会显示提示信息。

10.运行程序。

6.7.2 相关知识

1.条件交互特点

条件交互一般不是通过用户的操作来执行响应图标的，而是根据是否满足所设置的条件来决定是否执行其相应的响应图标。所设置的条件就是逻辑型的变量、函数或表达式，其值为真（TRUE）时执行响应图标，为假（FALSE）时不执行响应图标。

2."属性：交互图标"（条件）面板

(1)"条件"文本框：其内输入逻辑型变量、函数或表达式，它也是相应的响应图标的名字。当它的值为真（TRUE）时执行响应图标，为假（FALSE）时不执行响应图标。

(2)"自动"下拉列表框：该下拉列表框有 3 个选项，用来确定是否自动匹配。

"关"：关闭自动匹配，表示在"条件"文本框内的值为真，而且用户有交互操作（如单击对象）时，才会执行相应的响应图标。

"为真"：表示在条件成立时，不用等待用户有交互操作，就能自动执行相应的响应图标。当条件为真时，它会重复匹配，为了能使它与其他交互再匹配，应在其响应图标中将条件设为假。

"当由假为真"：只有当条件由假变为真时，才能自动执行相应的响应图标。

(3)选中条件交互的"属性：交互图标"（响应）面板内的"永久"复选框后，只要设置了自动匹配或"条件"文本框中变量的值为真，在执行程序时，条件交互会一直存在。

6.8 "美丽大自然"设计

案例目标

掌握下拉菜单交互类型的使用方法。

多媒体技术应用

> **案例说明**

删除演示窗口中"文件"菜单，再向程序中添加三个下拉菜单"自然景物""可爱动物""再见"，单击任意子菜单，便会在屏幕上显现出相应的图片内容，如图 6-77 所示。

图 6-77　程序运行效果（4）

6.8.1　完成过程

1. 拖动一个显示图标到流程线上，命名为"主界面"，导入"模块 6 素材\案例 8\背景.bmp"图像文件，并且在窗口中输入"保护环境 珍爱家园"标题文字，如图 6-78 所示。

图 6-78　程序主界面

2. 拖动一个交互图标在流程线上，命名为"文件"。

3. 在交互图标的右侧放置一个群组图标，在弹出的"交互类型"对话框中，选择"下拉菜单"类型后，单击"确定"按钮。

4.单击刚建立的下拉菜单交互类型标志,其"响应"选项卡设置如图 6-79 所示,将响应的范围设置为"永久"响应,分支结构设置为"退出交互"结构。

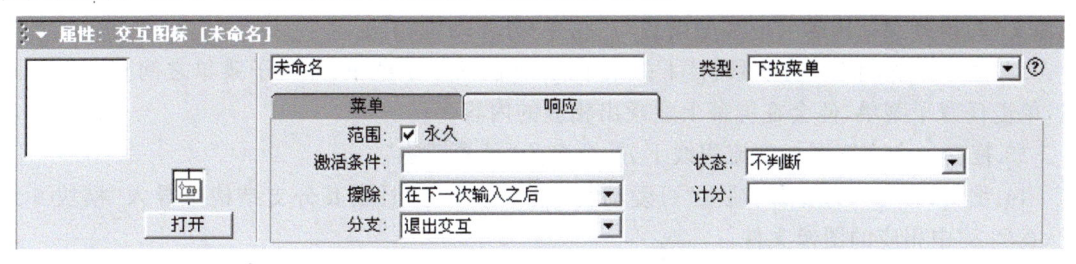

图 6-79 "响应"选项卡设置(3)

5.拖动一个擦除图标到流程线下方,将其命名为"删除文件菜单"。

6.运行程序,程序自动停止在擦除图标位置,单击演示窗口中的"文件"菜单,将其删除,如图 6-80 所示。

图 6-80 删除"文件"菜单命令

7.拖动交互图标到流程线下方,命名为"自然景物"。

8.在"自然景物"交互图标的右侧放置一个显示图标,选择"下拉菜单"的交互方式,并且命名为"花卉"。双击"花卉"显示图标,导入"模块 6 素材\案例 8\花.jpg"图像文件。

9.单击"花卉"分支结构上方的"下拉菜单"交互类型标志,打开"属性:交互图标(花卉)"面板,单击"菜单"选项卡,设置该菜单的快捷键为 Ctrl+A,如图 6-81 所示;单击"响应"选项卡,将范围设置为"永久",分支设置为"返回",如图 6-82 所示。

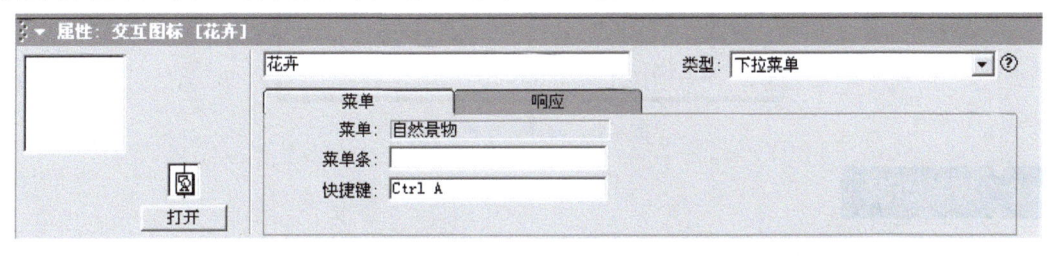

图 6-81 "菜单"选项卡

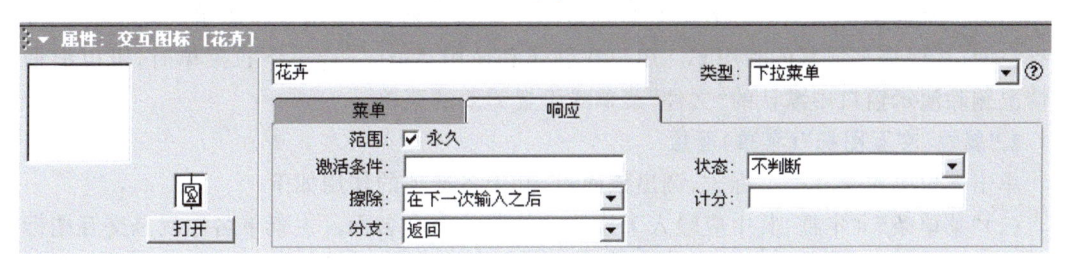

图 6-82 "响应"选项卡设置(4)

10.设置菜单命令之间的灰色分隔线。拖动群组图标到"花卉"显示图标的右侧,将其命名为"(一)",注意必须在英文状态下输入符号,同样将范围设置为"永久"。

11. 在群组图标右侧放置一个显示图标,命名为"山川",导入"模块 6 素材\案例 8\山.jpg"图像文件,该分支结构的响应类型设置与"花卉"分支结构相同。

12. 运行程序,单击"自然景物"下拉菜单后,弹出两个子菜单,并且子菜单之间有一个分隔线,单击任意子菜单,便会在屏幕上显现出相应的内容。

13. 拖动一个交互图标到流程线下方,命名为"可爱动物"。

14. 重复(8)~(11)步骤,建立"可爱动物"菜单命令,并且在其分支结构中导入"模块 6 素材\案例 8"中相应的图像文件。

15. 拖动一个交互图标到流程线下方,命名为"再见"。

16. 拖动一个计算图标到交互图标右侧,选择"下拉菜单"交互方式,命名为"退出";在该图标的编辑窗口中输入"Quit()"函数语句,用来结束程序的执行。

17. 程序运行结果如图 6-77 所示。

18. 程序设计流程如图 6-83 所示。

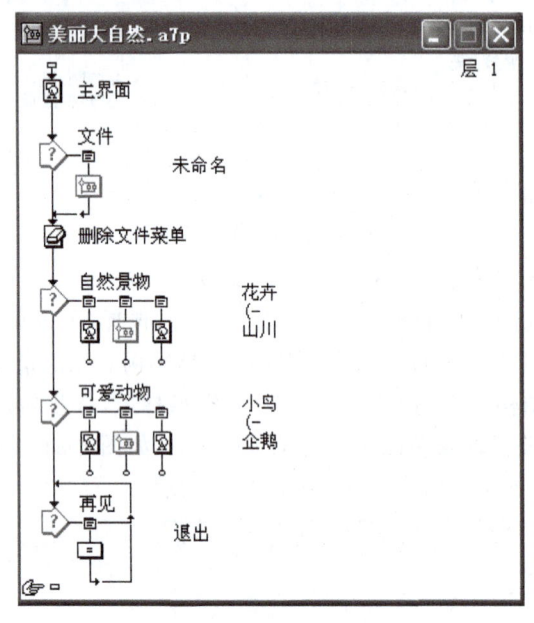

图 6-83　程序设计流程(4)

6.8.2　相关知识

1. 下拉菜单交互特点

相信所有的用户都不会对下拉菜单的交互方式感到陌生,使用下拉菜单的交互方式可以节省空间,从而提高屏幕的利用率。用户在创建和使用 Authorware 下拉菜单时,可以根据实际情况删除演示窗口中默认的"文件"菜单或设置需要的菜单。

2. "属性:交互图标"(菜单)面板

单击下拉菜单交互类型标志,调出该面板,其中各选项的作用如下:

(1) "菜单条"文本框:其中应输入下拉菜单的菜单命令名称。主菜单名称就是交互图标的名字。如果不输入任何内容,则下拉菜单的菜单命令名称与响应图标的名称一样。

如果菜单命令名称第一个是字母,且在字母左边加一个"&"字符,则该字母成为快捷键,按相应的字母键即可产生交互。而该菜单命令中,该字母的下面会出现一条下划线。如果在菜单名称左边加一个"("左括号,可使该子菜单名呈浅灰色,表示不可选。如果菜单名称处只有一个"("左括号,则空一行,起到菜单分栏作用。

(2)"快捷键"文本框内应输入一个字母,例如"R",则建立的子菜单名右边会出现 Ctrl+字母(例如:Ctrl+R)快捷键提示。在不用调出下拉菜单的情况下可以使用该快捷键。

6.9 "水果大餐"设计

案例目标

掌握文本输入交互类型的使用方法。

案例说明

当用户输入相关水果名称时,屏幕上将显示该种水果的图片;当用户输入其他水果名称时,程序提示没有这种水果;当用户输入退出时,程序等待1秒后,自动结束运行。运行效果如图 6-84 所示。

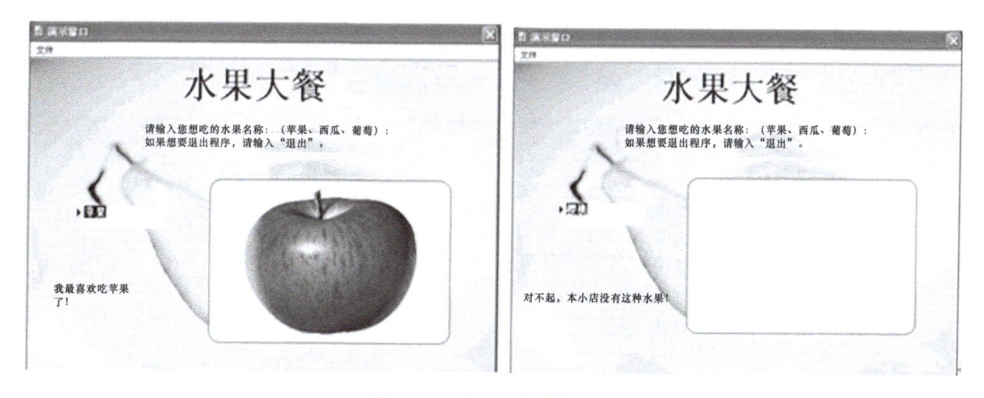

图 6-84 程序运行效果(5)

6.9.1 完成过程

1.拖动一个显示图标到流程线上,命名为"主界面",导入"模块 6 素材\案例 9\背景.jpg"图像文件,调整图像的尺寸,并且输入提示语句及绘制一个显示区域,如图 6-85 所示。

2.拖动交互图标到流程线上,命名为"水果交互"。

3.在交互图标的右侧,放置一个计算图标,选择"条件"交互类型,将该图标命名为"TRUE"。

4.设置"TRUE"条件交互分支响应属性,其中"条件"选项卡设置如图 6-86 所示;"响应"选项卡设置如图 6-87 所示。

5.双击"TRUE"计算图标,输入程序语句"text:=EntryText",使用该语句将用户输入的文本保存在自定义变量 text 中,如图 6-88 所示。

6.拖动一个群组图标到"TRUE"计算图标的右侧,命名为"苹果",选择"文本输入"响应类型。

多媒体技术应用

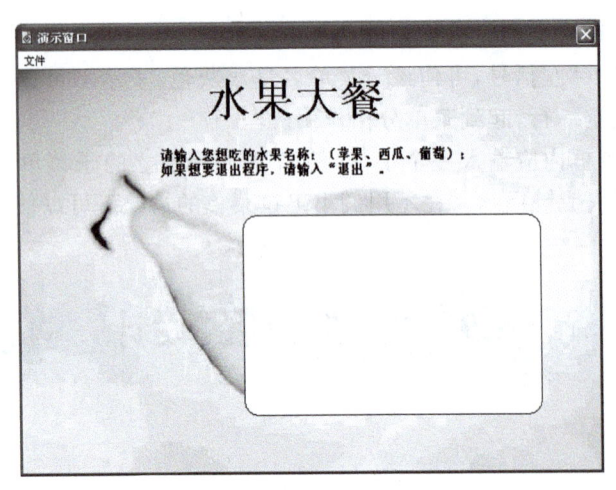

图 6-85 "主界面"显示内容

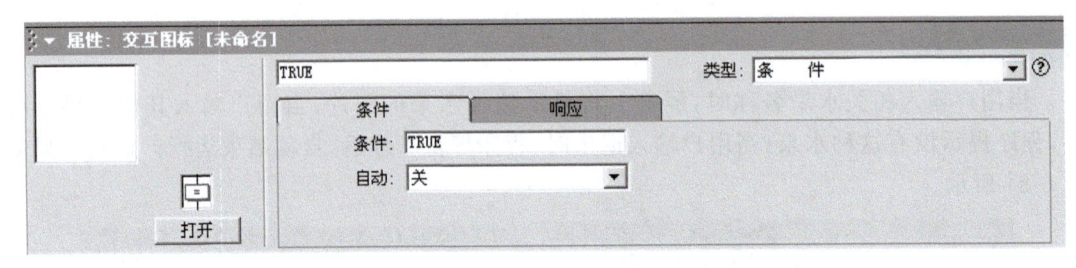

图 6-86 "条件"选项卡设置

图 6-87 "响应"选项卡设置(5)

图 6-88 "TRUE"条件交互分支内容

7.在"苹果"群组图标中,放置一个显示图标,命名为"苹果图片",在该图标中导入"模块6素材\案例9\苹果.jpg"图像文件,并且在该图标中输入"我最喜欢吃{text}了!",在这里{text}主要用来显示当前所输入的水果名称。

8.单击"苹果"交互分支结构的标志,打开"属性:交互图标"面板,将"响应"选项卡中的分支结构设置为"重试",如图 6-89 所示。"文本输入"选项卡采用默认设置。

图 6-89 "苹果"分支结构设置

9.单击打开交互图标,单击文本区域按钮打开"属性:交互作用文本字段"对话框,在其中设置文本输入的样式如图 6-90 所示。

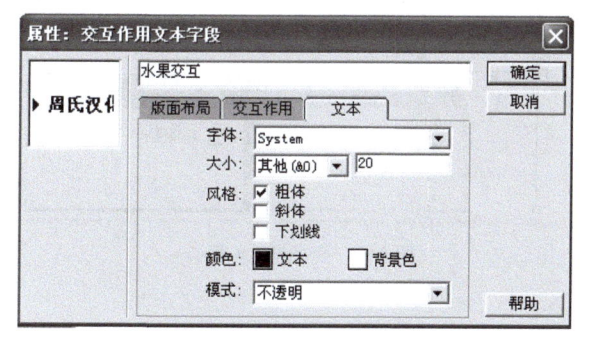

图 6-90 设置文本输入框的属性

10.重复(6)~(8)三个步骤,依次设置"西瓜"和"葡萄"文本输入交互分支结构。

11.拖动群组图标到交互图标最右侧,命名为"退出"。"文本输入"选项卡采用默认设置,在"响应"选项卡中将其分支结构设置为"退出交互"选项,如图 6-91 所示。

图 6-91 "退出"交互分支设置

12.拖动一个群组图标到交互图标最右侧,仍旧选择"文本输入"交互类型,将该分支结构命名为"*",表明可以接受任何文本字符的输入,该分支结构的作用是:如果输入了其他水果名称,程序要做出相应的反应。该分支结构的"响应"选项卡设置如图 6-92 所示。

图 6-92 输入错误分支结构属性设置

13.在"*"群组图标中,放置一个显示图标,命名为"错误提示",在其中输入"对不起,本小店没有这种水果!"。

14.在主流程线下方放置一个显示图标,命名为"走好",在其中输入"丰盛吗?有空常来!"文本。

15.在"走好"显示图标下方放置一个等待图标,设置其等待方式为"单击鼠标"方式和"时限 1 秒"方式。

16. 在主流程线的最下方,放置一个计算图标,命名为"结束",在其中输入"Quit()"函数语句,用来结束程序的运行。

17. 运行程序,如图 6-84 所示。

18. "水果大餐"程序流程如图 6-93 所示。

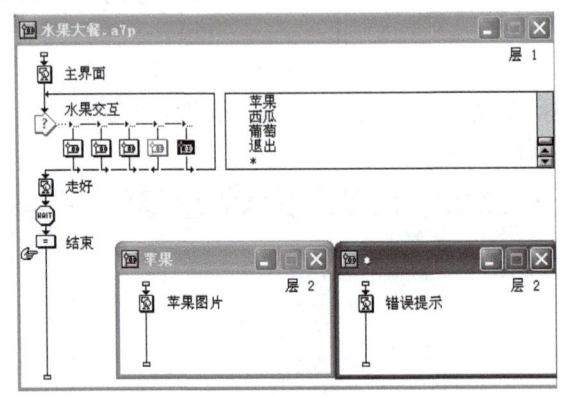

图 6-93　程序设计流程(5)

6.9.2　相关知识

1. 文本输入交互特点

在 Authorware 创作的多媒体作品中只要建立文本输入交互类型就可以进行文本输入、输出交互,程序可以接收用户从键盘输入的文本、数字等,如果与预先设计的分支标题吻合,则响应匹配,能实现更进一步的作品使用。此外,在 Authorware 中还允许使用通配符来设置文本输入的匹配条件。

2. "属性:交互图标(文本输入)"面板

(1)"模式"文本框:其内输入用双引号括起来的字符或文字,用户进行文本交互时,必须输入这些字符或文字。可以使用分隔符"｜"来连接两个对等的交互文字,也可使用通配符"＊"(代表一串字符或文字)和"?"(代表一个字符)。如果不输入任何内容,则响应图标的名字决定可以产生响应的输入内容。

(2)"最低匹配"文本框:在此文本框内输入 1 个数字 n,表示用户只要输入 n 个符合"模式"文本框中的字符,就能继续执行交互图标。例如:在"最低匹配"文本框内输入数字 3,在"模式"文本框内输入"ABCDEF",则用户只要输入"ABC"3 个字符就能执行相应的交互图标。

(3)"增加匹配"复选框:选中它后,用户输入文字时可以有多次输入的机会。

(4)"忽略"栏:它有 5 个复选框,用来确定对用户输入的文字可以忽略什么内容。

3. "属性:交互作用文本字段"对话框

按住 Ctrl 键,双击交互图标,调出"属性:交互图标"面板。单击面板中"文本区域"按钮,可调出"属性:交互作用文本字段"对话框。双击交互图标的演示窗口内的虚线矩形框内部,也可调出"属性:交互作用文本字段"对话框。

(1)"属性:交互作用文本字段"(版面布局)对话框:

"大小"和"位置"文本框:在这 4 个文本框内可以输入变量和表达式,它们的值可精确调整文本输入框的位置和大小。

"字符限制"文本框:其内应输入允许用户在文本输入交互时输入的最多字符个数。

"自动登录限制"复选框:选中该复选框后,当用户输入的字符个数超过"字符限制"文本框内的限制数时,立即读取输入的数据。

(2)"属性:交互作用文本字段"(交互作用)对话框:

"作用键"文本框:在此输入某一按键的名称(默认为 Enter 或 Return 键),当用户在文本输入交互时,输入完字符后,按所设定的键,即可让计算机接收输入的字符。

"输入标记"复选框:不选中它时,则文本输入框左边没有黑三角的标记;选中它时,则在文本输入交互执行时,文本输入框左边有一个黑三角标记。

"忽略无内容的输入"复选框:选中它时,忽略在文本输入交互时输入内容中的空格。

"退出时擦除输入的内容"复选框:不选中它时,则退出文本交互时,不擦除文本交互信息。选中它时,在退出文本输入交互时,擦除文本交互信息。

(3)"属性:交互作用文本字段"(文本)对话框:

"字体"和"大小"下拉列表框:设置输入文字的字体和大小。

"风格"的 3 个复选框:决定输入文字的风格。

"颜色"栏:用来选定颜色。

"模式"下拉列表框:用来选择显示方式。其中有"不透明""透明""反转""擦除"4 个选项。

6.10 "电子相册"设计

案例目标

1. 理解框架结构。
2. 掌握框架图标和导航图标的使用及其属性设置。

案例说明

在多媒体作品中,经常需要实现程序分支结构中的翻页功能,在 Authorware 7.0 中使用框架图标和导航图标就可以非常方便地实现程序内部的任意跳转,用户可以通过超文本、翻页结构、查找功能等访问程序中的相应内容,非常的简便快捷。

"电子相册"程序运行后,屏幕显示背景图像和标题,同时显示一张相片,在窗口下部有 3 个导航按钮,如图 6-94 所示。单击导航按钮,可以在 4 张相片中进行切换浏览。

图 6-94　程序运行效果(6)

6.10.1 完成过程

"电子相册"程序如图6-95所示,程序的设计过程如下。

1.新建名为"电子相册"的程序文件,拖动计算图标到流程线上,将其命名为"定义窗口"后,在编辑窗口中输入"ResizeWindow(500,400)"。

2.拖动一个显示图标到流程线上,命名为"主界面",导入"模块6素材\案例10\框架图像.jpg"图像,调整它的大小和位置。

3.拖动框架图标到流程线上,命名为"照片"。在其右侧拖入4个显示图标,如图6-96所示,命名为"相片1"至"相片4",分别导入"模块6素材\案例10"中4张相片,调整其大小位置。

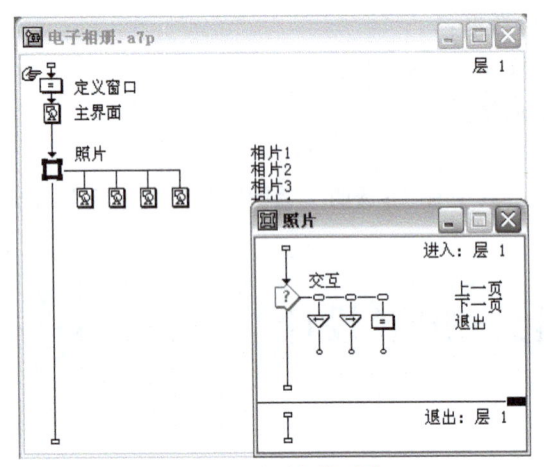

图 6-95 "电子相册"程序

图 6-96 建立框架结构

4.双击打开"照片"框架图标,打开框架窗口,删除导航面板,并删除不需要的几个按钮,保留上一页、下一页两个按钮,如图6-97所示。

5.拖动一个计算图标到交互图标的右侧,将该图标命名为"退出",然后在其编辑窗口内输入"Quit()"语句,如图6-98所示。

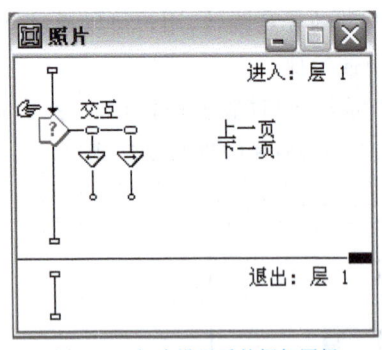

图 6-97 初步设置后的框架图标

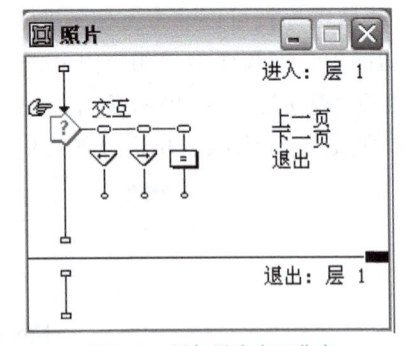

图 6-98 添加退出交互分支

6.设置个性化按钮。单击框架窗口中的"下一页"按钮图标,打开"属性:交互图标"面板,将鼠标指针设置为手型,单击"按钮",打开按钮样式窗口,选择标准 Windows 3.1 按钮系统的退出框架按钮,如图6-99所示。

7.用同样方法设置其他2个按钮,然后同时选中3个按钮,执行"修改"|"排列"菜单命令,打开排列对话框,调整3个按钮的相对位置。

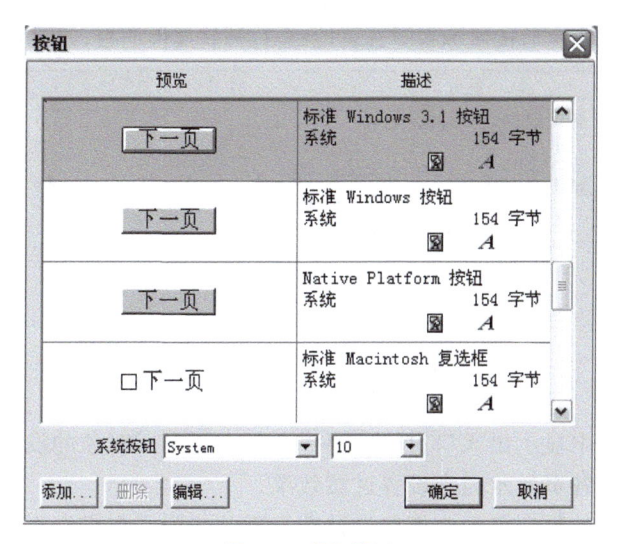

图 6-99 按钮设置

8.运行程序。

6.10.2 相关知识

1.导航结构的组成

导航结构用于实现框架间的导航,由框架图标、附属于框架图标的页图标和导航图标组成。其中框架图标的主要功能是建立程序的框架结构;其分支子图标即页图标由导航图标来调用,导航图标专门用于程序转向或调用框架页,可以让用户在不同页之间任意跳转。

2.框架图标

在设计窗口中双击框架图标,会出现一个框架窗口,如图 6-100 所示。

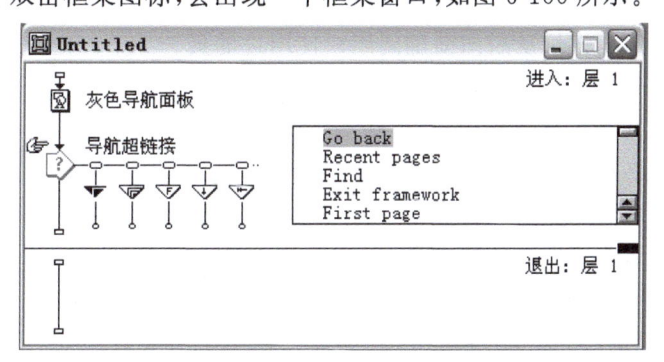

图 6-100 框架窗口

框架窗口是一个特殊的设计窗口,空格分隔线将其分为两个窗格:上方的入口窗格和下方的出口窗格。当 Authorware 7.0 执行到一个框架图标时,在执行附属于它的第一个页图标之前会先执行入口窗格中的内容,如果在这里准备了一幅背景图片的话,该图片在用户浏览各页内容时会一直显示在演示窗口中;而在退出框架时,Authorware 7.0 会执行框架窗口出口窗格中的内容,然后擦除在框架中显示的所有内容(包括各页中的内容及入口窗格中的内容),撤销所有的导航控制。还可以把程序每次进入或退出框架图标时必须执行的内容(比如设置一些变量的初始值、恢复变量的原始值等)加入框架窗口中。另外,用鼠标拖动调整杆可以调整两个窗格的大小。

单击框架图标或选中它后按鼠标右键选属性,会打开其属性面板,如图 6-101 所示。

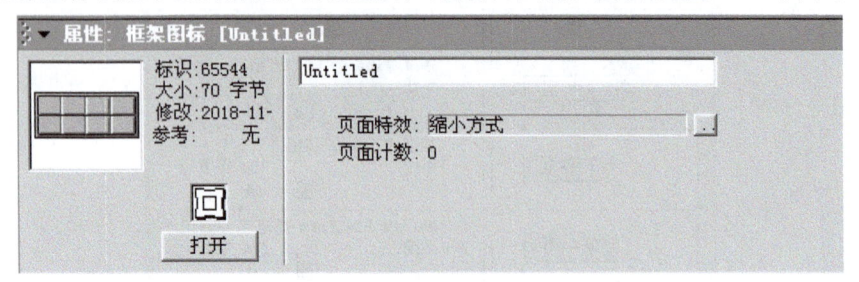

图 6-101 "属性:框架图标"面板

说明:
(1)左侧的预览框中显示出入口窗格中第一个包含了显示对象的设计图标的内容。
(2)"页面特效"为各页显示内容设置过渡效果。
(3)"页面计数"后的数字显示此框架设计图标下共依附了多少个页图标。
(4)单击"打开"按钮会弹出框架窗口。

3.导航面板

在默认的情况下,Authorware 7.0 在框架窗口的入口窗格中准备了一组作为导航按钮面板的图像(如图 6-102)和一个交互作用的分支结构,交互作用分支结构中包括 8 个设置为永久性响应的按钮响应,这 8 个按钮是 Authorware 7.0 的默认导航按钮,可以根据需要对它们进行选取,它们的作用如下:

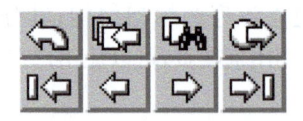

图 6-102 导航面板

"返回"按钮:沿历史记录从后向前翻阅用户使用过的页。
"最近页"按钮:显示历史记录列表。
"查找"按钮:打开查找对话框。
"退出框架"按钮:退出框架。
"第一页"按钮:跳转到第一页。
"上一页"按钮:进入当前页的前一页。
"下一页"按钮:进入当前页的后一页。
"最后页"按钮:跳转到最后一页。

4.导航图标

在框架图标中包含着许多导航图标,框架图标的导航功能就是由它们实现的,导航图标一般有两种不同的使用场合:

(1)程序自动执行的转移:当把导航图标放在流程线上,程序在执行到导航图标时,自动跳转到该图标指定的目的位置。
(2)交互控制的转移:使导航图标依附于交互图标,创建一个交互结构,当程序条件或用户操作满足响应条件时,自动跳转到导航图标指定位置。

单击导航图标,打开其属性面板,如图 6-103 所示。

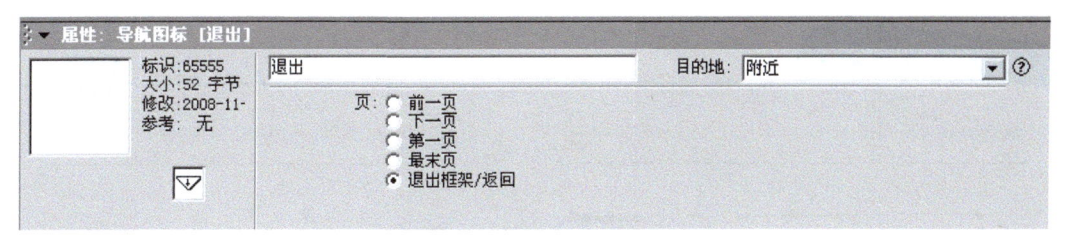

图 6-103 "属性:导航图标"面板

说明：
"目的地"下拉列表框是导航图标的链接目标属性，包括 5 个选项：
最近：到最近访问过的页面。
附近：到相邻的页面。
任意位置：到任何页面。
计算：到由计算确定的页面。
查找：到搜索得到的某个页面。

经验指导

1. 文本是多媒体作品中不可缺少的信息表现手段，在作品的制作过程中，要对其进行适当的修饰和美化。
2. 用户可以根据实际情况对"显示"图标的"图标属性"面板进行适当的设置，为显示对象设置特殊的显示效果，从而产生生动丰富的多媒体画面。
3. 结合使用"擦除"图标、"等待"图标可以设计自动演示程序。
4. 掌握 5 种移动类型的特点和适用范围，利用变量控制显示对象的运动与停止等。
5. 掌握各种交互的特点和使用方法，在实际程序设计过程中，能够综合运用多种交互类型，注重程序的结构化设计，以实现更强大的交互功能。

拓展训练

训练 6-1 "运动的世界"设计

训练要求：

利用移动图标来控制各种物体(文字、小球等)的移动，并且设置小球按照固定的路径运行；当用户单击"继续"按钮，小球结束运动。

(1) 文字"世界是运动的"移动路径如图 6-104 所示。
(2) 文字"运动时永无休止"移动路径如图 6-105 所示。
(3) 建立第 1 个小球的移动路径如图 6-106 所示。
(4) 建立第 2 个小球的移动路径如图 6-107 所示。
(5) 输入文本"单击鼠标文字不再继续运动"用来停止文字的运动。
(6) 设置文件的背景颜色为黑色。

多媒体技术应用

拓展训练

图 6-104　创建矩形路径

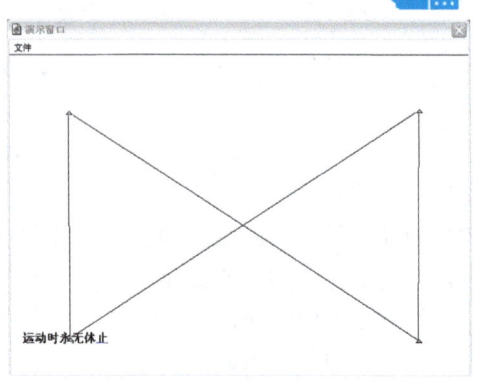

图 6-105　创建交叉路径

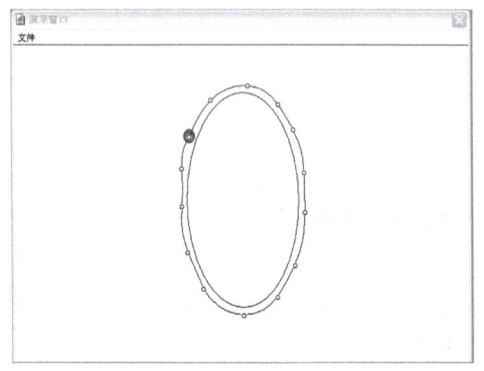

图 6-106　第 1 个小球的移动路径

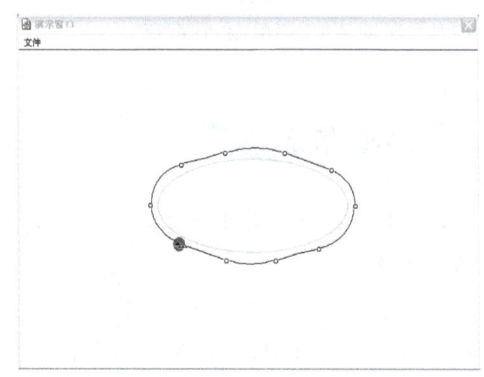

图 6-107　第 2 个小球的移动路径

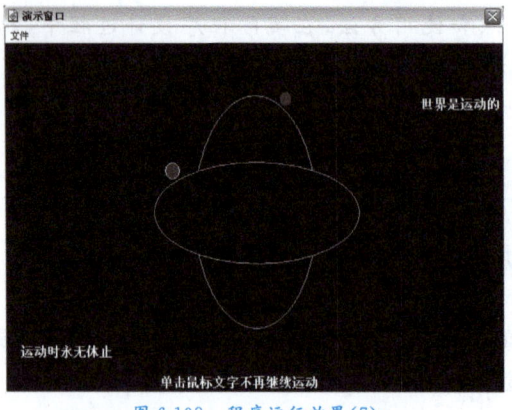

效果如图 6-108 所示。

图 6-108　程序运行效果(7)

训练 6-2 "认识动物"设计

训练要求：

制作认识动物的程序，即单击某种动物图片时，鼠标指针变为手型，并呈现该种动物的文字名称。

(1)使用 4 个显示图标依次导入"模块 6\拓展训练 2"中的"背景.tif"图像文件和 3 种动物的图片，并调整 3 种动物图片的位置，如图 6-109 所示。

拓展训练

图 6-109 调整动物位置

（2）使用热对象交互类型实现交互。

效果如图 6-110 所示。

图 6-110 "老虎文字"热对象交互

训练 6-3 "框架结构"设计

训练要求：

使用导航分页显示"圆形""矩形""多边形"的文本和图形。

（1）第 1 页显示文字"圆形"，并绘制一个红色的圆；第 2 页显示文字"矩形"，并绘制一个绿色的矩形；第 3 页显示文字"多边形"，并绘制一个任意多边形。

（2）使用框架图标和导航图标来实现 3 页内容之间的跳转显示。

效果如图 6-111 所示。

拓展训练

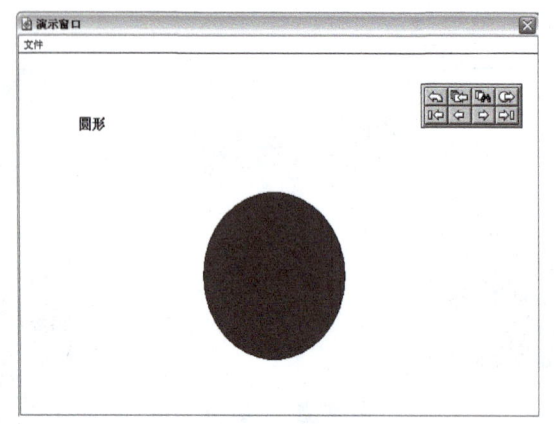

图 6-111　程序运行效果(8)

训练 6-4　"多媒体教学课件"设计

训练要求

以语文课本中古诗《山行》为例，应用"模块 6 素材\拓展训练 4"中的文字、图片和语音等媒体，综合所学知识，设计制作一个多媒体教学课件。

效果如图 6-112～图 6-118 所示。

图 6-112　"主界面"效果

图 6-113　"教学目标"界面效果

图 6-114　"作者简介"界面效果

图 6-115　"阅读古诗"界面效果

模块 06 多媒体创作软件 Authorware 7.0 的使用

拓展训练

图 6-116 "文字注释"界面效果

图 6-117 "古诗简析"界面效果

图 6-118 "课后练习"界面效果

参考文献

[1] 于萍,孙启隆,齐长利,何保锋.多媒体技术与应用[M].北京:清华大学出版社,2019.
[2] 葛平俱,李光忠,陈江林.多媒体技术与应用[M].北京:水利水电出版社,2018.
[3] 赵子江.多媒体技术应用教程[M].北京:机械工业出版社,2017.
[4] 刘合兵.多媒体技术及应用[M].北京:清华大学出版社,2020.
[5] 李征.Photoshop项目实践教程[M].大连:大连理工大学出版社,2020.
[6] 王德永,樊继.Flash CS5 动画设计与制作实例教程[M].2版.北京:人民邮电出版社,2015.